电磁频谱战科普系列丛书

太空战
战略制高点之争

蔡亚梅　著

国防工业出版社

·北京·

内 容 简 介

随着电子信息技术、电子战技术、航天技术的迅猛发展,国家利益范畴逐渐超越传统的领土、领海和领空,不断向太空领域扩展和延伸。争夺空间、利用空间、保护空间的能力成为国家安全的一个重要衡量指标。太空战将成为世界强国之间的战略制高点之争。

本书较为系统地概述了与太空战相关的科普知识。全书共分三部分,分别从太空战的三大方面:空间攻击、空间防护、太空战支援进行了简要说明。

第一部分重点讲述空间攻击,简要介绍了激光反卫星武器、粒子束、高功率微波武器、直接入轨式反卫导弹、共轨反卫、空天飞机、软杀伤、断筋斩链、导航战、浮空器、网电攻击、小卫星编队协同作战等方面的内容。第二部分主要讲述空间防护,简要介绍了星载告警、隐身防护、攻击防护、加固防护等防护手段。第三部分太空战支援方面,简要介绍了(天基/地基)空间态势感知、电子侦察卫星、导弹预警卫星、天基定位、导航和授时(PNT)、成像侦察卫星等方面的装备。

图书在版编目(CIP)数据

太空战:战略制高点之争 / 蔡亚梅著.—北京:
国防工业出版社,2023.7
(电磁频谱战科普系列丛书)
ISBN 978-7-118-13032-4

Ⅰ.①太… Ⅱ.①蔡… Ⅲ.①外层空间战—研究
Ⅳ.① E869

中国国家版本馆 CIP 数据核字(2023)第 112313 号

※

国防工業出版社 出版发行

(北京市海淀区紫竹院南路23号 邮政编码100048)
雅迪云印(天津)科技有限公司印刷
新华书店经售

*

开本 710×1000 1/16 印张 10¼ 字数 130 千字
2023 年 7 月第 1 版第 1 次印刷 印数 1—5000 册 定价 70.00 元

(本书如有印装错误,我社负责调换)

国防书店:(010)88540777 书店传真:(010)88540776
发行业务:(010)88540717 发行传真:(010)88540762

编审委员会

主　　　任	王沙飞
常务副主任	杨　健　欧阳黎明
顾　　　问	包为民　吕跃广　杨小牛　樊邦奎　孙　聪 刘永坚　范国滨　苏东林　罗先刚
委　　　员	（以姓氏笔画排序） 王大鹏　朱　松　刘玉超　吴卓昆　张春磊 罗广成　徐　辉　郭兰图　蔡亚梅
总　策　划	王京涛　张冬晔

编辑委员会

主　　编	杨　健
副 主 编	（以姓氏笔画排序） 朱　松　吴卓昆　张春磊　罗广成　郭兰图 蔡亚梅
委　　员	（以姓氏笔画排序） 丁　凡　丁　宁　王　凡　王　瑞　王一星 王天义　方　旖　邢伟宁　全寿文　许鲁彦 牟伟清　李雨倩　严　牧　肖德政　张　琳 张江明　张树森　陈柱文　单中尧　秦　臻 黄金美　葛云露

丛书序

在现代军事科技的不断推动下,各类电子信息装备数量呈指数级攀升,分布在陆海空天网等不同域中。如何有效削弱军用电子信息装备的作战效能,已成为决定战争胜负的关键,一方面我们需要让敌方武器装备"通不了、看不见、打不准",另一方面还要让己方武器装备"用频规范有序、行动高效顺畅、效能有效发挥",这些行动贯穿于战争始终、决定战争胜负。在这一点上,西方军事强国与学术界都有清晰的认识。

电磁频谱是无界的,一台电子干扰机发射干扰敌人的电磁波,影响敌人的同时也会影响我们自己,在有限的战场空间中如果出现众多的电子干扰机、雷达、电台、导航等设备,不进行有效管理肯定会出乱子。因此,未来战争中,需要具备有效管理电磁域的能力,才能更加有效的发挥电磁攻击的效能,更好地满足跨域联合的体系作战要求。

在我们策划这套丛书的过程中,为丛书命名是一大难题,美军近几十年来曾使用或建议过以"电子战""电磁战""电磁频谱战""电磁频谱作战"等名称命名过这个"看不见、摸不着"的作战域。虽然在美国国防部在2020年发布的《JP 3-85:联合电磁频谱作战》明确提出用"电磁战"代替原"电子战"的定义,而我们考虑在本套丛书中只介绍"利用电磁能和定向能来控制电磁频谱或攻击敌人的军事行动。"是不全面的,也限制了本套丛书的外延。

因此，我们以美国战略与预算评估中心发布的《电波制胜：重拾美国在电磁频谱领域的主宰地位》中提出的"电磁频谱战"的概念命名，这样一方面更能体现电子战的发展趋势，另一方面也能最大程度的拓宽本套丛书的外延，在电磁频谱领域的所有作战行动都是本套丛书讨论的范围。

本系列丛书共策划了6个分册，包括《电磁频谱管理：无形世界的守护者》《网络化协同电子战：电磁频谱战体系破击的基石》《光电对抗：矛与盾的生死较量》《电子战飞机：在天空飞翔，在电磁空间战斗》《电子战无人机：翱翔蓝天的孤勇者》《太空战：战略制高点之争》。丛书具有以下几个特点：①内容全面——对当前电磁频谱作战领域涉及的前沿技术发展、实际战例、典型装备、频谱管理、网络协同等方面进行了全面介绍，并且从作战应用的角度对这些技术方法进行了再诠释，帮助读者快速掌握电子战领域核心问题概念与最新进展，形成基本认知储备。②图文并茂——每个分册以图文形式描述了现代及未来战争中已经及可能出现的各种武器装备，每个分册图书内容各有侧重点，读者可以相互印证的全面了解现代电磁频谱技术。③浅显易懂——在追求编写内容严谨、科学的前提下，抛开电磁频谱领域复杂的技术实现过程，与领域内出版的各种教材、专著不同，丛书的内容不需要太高的物理及数学功底，初中文化水平即可轻松阅读，同时各个分册都更具内容设计了一个更贴近大众视角的、更生动形象的副书名。

电磁频谱战作为我军信息化条件下威慑和实战能力的重要标志之一，虽路途遥远，行则将至，同仁须共同努力。为便于国内相关单位以及军事技术爱好者、初学者及时掌握电磁频谱战新理论和该领域最新研究成果，我们出版了此套系列图书。本书对我们了解掌握国际电磁频谱战的研究现状，深刻认识当今电磁域的属性与功能作用，重新审视电磁斗争的本质、共用和运用方式，确立正确的战场电磁观，具有正本清源的意义，也是全军开展电磁空间作战理论、技术和应用研究的重要牵引与支撑，对于构建我军电磁频谱作战理论研究体系具有重要的参考价值。

也希望本套丛书的出版能使全民都能增强电磁频谱安全防护意识，让民众深刻意识到，电磁频谱空间安全是我们各行各业都应重点关注的焦点。

2022年12月

前　言

随着电子信息技术、电子战技术、航天技术的迅猛发展，国家利益范畴逐渐超越传统的领土、领海和领空，不断向太空领域扩展和延伸。争夺空间、利用空间、保护空间的能力成为国家安全的一个重要衡量指标。太空战将成为世界强国之间的战略制高点之争。

为了让读者更好地了解太空和太空战，作者特别编写了《太空战：战略制高点之争》一书，希望能够给读者普及到相应的科普知识，引发读者产生对太空战更深层次的兴趣。本书共分三个部分，分别介绍了太空战的三个方面：空间攻击，空间防护，太空战支援。

第一部分重点讲述空间攻击，主要介绍激光反卫星武器，粒子束武器，高功率微波武器，共轨反卫，直接入轨式反卫星导弹，空天飞机，软杀伤，断筋斩链，导航战，浮空器，网电攻击，小卫星编队协同作战等方面的内容。

第二部分主要讲述空间防护，介绍星载告警，隐身防护，攻击防护，加固防护等防护手段。

第三部分太空战支援，介绍（天基/地基）空间态势感知，电子侦察卫星，导弹预警卫星，成像侦察卫星，太空监视望远镜，天基定位、导航和授时（PNT）等方面的装备。

作者在编写过程中，难免有遗漏或出错的地方，敬请批评指正。同时本书中的插图大部分来源于网络,感谢这些图片的制作者们,使本书的内容更加丰富。

作　者

2022 年 12 月

目录
CONTENTS

空间攻击 / 3

太空中的利剑
——激光武器 / 6

太空长矛
——粒子束武器 / 11

太空神鞭
——高功率微波武器 / 17

"近身歼敌"
——共轨反卫 / 24

"直击目标"
——直接入轨式反卫星导弹 / 29

"轨道轰炸机"
——空天飞机 / 34

"以柔克刚"
——"软杀伤" / 38

"断筋斩链"
——切断卫星通信链路 / 43

"斗眼"
——导航战 / 50

临近空间的"明灯"
——浮空器 / 56

针对卫星的"幕后黑手"
——网电攻击 / 63

"星群"
——小卫星编队协同 / 67

空间防护 / 73

"太空保安"
——星载告警 / 76

卫星的"隐身侍卫"
——隐身防护 / 80

太空中的"软猬甲"
——卫星攻击防护 / 84

"空间盾牌"
——抗摧毁加固防护 / 89

太空战支援 / 95

"通天耳"
——电子侦察卫星 / 97

"太空哨兵"
——导弹预警卫星 / 104

太空中的"千里眼"(1)
——光学成像侦察卫星 / 112

太空中的"千里眼"(2)
——雷达成像侦察卫星 / 121

开启"上帝之眼"（1）
——天基空间态势感知 / 128

开启"上帝之眼"（2）
——地基空间态势感知 / 133

开启"上帝之眼"（3）
——太空监视望远镜 / 138

太空中的"指路灯"
——天基定位、导航和授时 / 142

» **后 记 / 149**

» **参考文献 / 150**

从古至今,"太空"是一个备受人们向往和瞩目的领域。国内外的许多太空神话,如中国的"嫦娥奔月"等,充满了人们对美好生活的向往。在军事应用方面,风靡一时的《星球大战》《星际穿越》《复仇者联盟》等电影,均把太空作为一个未来战场,里面的各种先进武器也许在我们当年观看时只觉得是天方夜谭,但是随着这些年航天技术、高科技信息、人工智能技术等的迅速发展,科幻电影中的某些武器、某些作战手段和作战理念已然有了雏形。因具备明显的军事战略优势地位,太空已然不再是一方净土,而极可能会变成一个有强大威胁的战场。在这个具有战略制高点的战场上,一场太空战正在悄然筹备中。

星球大战想象图

太空战看似离我们还很遥远，但纵观世界军事强国近年来的太空发展动向，有些国家已经或者正在筹划中、长期的太空战战略规划，期望能在未来保持太空战优势，太空战某些相关装备和技术已经突破关键瓶颈，某些已在紧锣密鼓地研制当中，更多地则处于规划、演示论证阶段。

到底什么是太空战？它有什么特点呢？同普通的陆战、空战、海战一样，从攻防角度来看，太空战技术可分为：空间攻击、空间防护和太空战支援三个方面。

空间攻击

太空战：战略制高点之争

空间攻击是赢得太空战的最直接、最关键的手段，主要是指对卫星等太空资产实施攻击，从而实现破坏卫星功能，甚至物理摧毁卫星的目的。

世界各国当前在研的项目和技术主要包括：激光反卫星武器、粒子束、高功率微波武器、直接入轨式反卫星导弹、共轨反卫、空天飞机、软杀伤、断筋斩链、导航战、浮空器等。

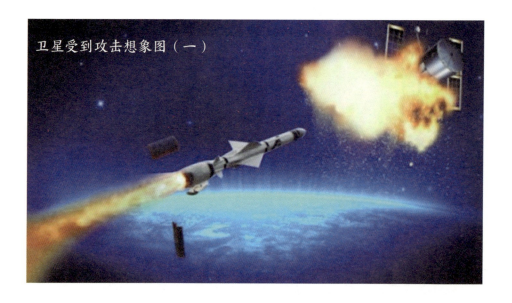

卫星受到攻击想象图（一）

空间攻击

卫星受攻击想象图(二)

太空战想象图

太空中的利剑
——激光武器

人们把光作为武器的想法可追溯到远古时代。在中世纪就有古希腊科学家阿基米德用聚焦的日光点燃敌人战船的传说。冷战时期，美国推出了"星球大战"计划，把激光武器当成战略威慑能力的主要手段。特别是21世纪以来，随着国际军事局势趋于紧张以及高科技颠覆性技术的迅速发展，激光的军事用途被不断探索和研究。

激光与原子能、半导体、计算机被称为20世纪的四大发明。由于激光有方向性强、单色性好、亮度高、相干性好等特征，作为武器应用的前景广泛。1960年，首台激光器在美国问世，自此人们便开始了对激光武器锲而不舍的追求。由于卫星相对于地面的运动速度不很高，光电仪器设备的破坏阈值又较低，因而研制反卫（星）激光武器的技术难度相对而言也较低。

激光武器就像一把太空利剑，是一种利用定向发射的激光束来直接毁伤目标或使之失效的定向能武器。激光束辐射强度高，能在空间、时间上将能量高度集中，具有杀伤破坏作用。它的优点是速度快、射束直、射击精度高、抗电磁干扰能力强。激光束以30万千米/秒的速度传播，延时完全可以忽略，它没有弯曲的弹道，指哪打哪，瞄准目标即意味着击中；激光束对目标可产生不同的杀伤破坏效应，如烧蚀效应、辐射效应、冲击效应等。烧蚀效应指的是利用高温烧毁或重创太空中的军用卫星。辐射效应是指因激光束攻击导致目标表面气化而形成等离子体云，等离子体产生的辐射可造成目标本身的结构及其内部的电子元器件、光学元器件的损伤。冲击效应可使卫星上的零部件损坏或者偏离轨道。正是靠着这几项神奇的本领，激光武器已成为理想的太空武器。

激光武器照射卫星

激光反卫武器是一种用于攻击卫星的激光武器，射程在几百到几千米，激光功率在千万瓦级以上。从杀伤效果上讲，分软杀伤和硬杀伤两种。软杀伤指的是通过干扰、破坏星载光电仪器设备，使卫星上的光电敏感元件暂时失效；硬杀伤指的是烧毁或者摧毁卫星某个部件或整个平台，使卫星永久失效。从部署方式讲，激光武器装载平台可以是地面／舰艇平台、空中平台（如飞机）、天基平台（如卫星）。

地基激光反卫武器属于战略激光武器，可干扰、致盲和摧毁近地轨道上的卫星，是未来空间攻防作战武器系统的重要发展方向。其特点是重量、体积不受限制，能量供应问题易于解决，缺点是由于大气对激光能量有较强的衰减作用，所以只能部署在空气较为稀薄的地区。美国空军的地基激光反卫武器计划就是设想能攻击卫星上的传感器，使卫星的关键部分受损或失效。1975年11月，美国的两颗监视导弹发射井的侦察卫星在飞抵西伯利亚上空时，被苏联的"反卫星"地基激光武器击中，而变成了"瞎子"。1997年10月17日，美国首次公开激光反卫试验，用地面化学激光发射装置向要报废的军用气象卫星发射激光束，照射时间10秒，成功命中目标。此后各国均加大了研制力度，据报道，俄罗斯新型激光反卫武器——"佩列斯韦特"激光武器系统于2019年12月进入战备状态，能够有效反卫。

俄罗斯的"佩列斯韦特"激光武器系统

机载激光反卫武器就是把激光器安装在飞机上攻击卫星，具有机动灵活的特点。由于飞机飞行高度高，大气较为稀薄，机载激光反卫武器克服了地基激光反卫武器的缺点，但却存在着重量、体积和能量供应受限制等技术难题。2016年，俄罗斯开展机载激光反卫武器系统的相关工作，用于压制敌方天基侦察平台，可对在轨卫星实施电子干扰或"直接功能破坏"。据报道，俄罗斯已经完成了基于A-60飞机的激光反卫武器

空间攻击

研发,能够损坏卫星上对光或热较敏感的物理元件,致眩卫星上的传感器。搭载平台未来还可能包括较新的"伊尔-476"运输机、PAK-DA轰炸机。美国也在研制一种机载激光系统,通过改装的波音-747携带强力激光和激光瞄准仪,它能在10~20秒内摧毁低轨卫星。

激光武器反卫想象图

天基激光反卫武器就是把激光器植入卫星、航天飞机等航天器中,可攻击中高轨道卫星,是激光武器与航天器相结合的产物,可将激光武器的作战效能发挥到极致,其特点是不需要考虑气流和震动问题。天基激光武器是夺取太空信息优势的理想武器之一,也是军事大国不惜耗费巨资进行激烈争夺的领域。历史上,美俄都先后出台过天基激光反卫武器的平台方案。1998年初,五角大楼恢复了对原"战略防御倡议"计划中天基激光器的研究,并于2013年完成了其天芒激光武器发展计划——IFX激光武器的研制,设想利用在1300千米高的空间轨道上运行的天基激光器攻击敌方卫星,从而争夺制天权。

天基激光反卫想象图

美、俄、以色列和其他一些国家都投入了巨额资金，制订了宏大计划并组织了庞大的科研队伍，以开发激光反卫武器。据外刊透露，自20世纪70年代以来，美俄两国都分别以多种名义进行了数十次激光反卫武器的试验。20世纪80年代末，日本启动了一项能运用到弹道导弹防御系统上的先进技术项目，其中就有激光反卫武器。

激光反卫武器的研发进展并非一帆风顺。它具备几大缺点：受限于雾、雪、雨等气候情况，它不能全天候作战，且激光发射系统受大气影响严重，如大气对能量的吸收、大气扰动引起的能量衰减、热晕效应、湍流以及光束抖动引起的衰减等；由于距离影响它会出现打击力不足的问题；激光武器需要大量电能，因而存在能量储存设备（如高能电池）难以微型化的问题，难以实现大规模应用；卫星一直处于运动状态，特别是美俄等国的有些卫星还会变轨，这会给激光瞄准带来困难。因此激光武器目前还只是理论上可行，在实战中，效果是无法保证的，这也是在当前激光武器研究中急需解决的难点。但无疑，激光反卫武器是未来制天权、制信息权的重要技术手段之一。

空间攻击

太空长矛
——粒子束武器

众所周知,粒子指的是电子、质子、中子和其他带正、负电的离子。带电粒子进入加速器后就会在强大的电场力的作用下加速到一定速度,形成粒子集束发射出去。其可熔化或破坏目标,且在命中目标后还会发生二次磁场作用,对目标进行破坏。

粒子分为带电粒子和中性粒子两种。其中带电粒子束在大气中虽有衰减,但仍可以传导,因而适合在大气层内使用。而在大气层外的真空状态,由于带电粒子之间的斥力,带电粒子束会在短时间内散发殆尽,因此中性粒子束更适合在外层空间使用。

粒子束释放示意图

粒子束武器是利用特定方法将粒子加速到接近光速，聚集成密集的束流来摧毁目标或使之失效的武器，是与激光武器和高功率微波武器（HPMW）同时发展的三大定向能武器之一，被誉为"太空时代的核武器""死光武器"等。根据粒子束带电与否，我们把粒子束武器分为两种：地基带电粒子束武器和天基中性粒子束武器。其中地基带电粒子束武器主要用于对付大气层内的目标，天基中性粒子束武器用于对付大气层外高速飞行的目标（如卫星、高超声速武器以及洲际弹道导弹等）。

一种粒子束武器

其实，"粒子束"武器并非新名词，大家都听说过电子对撞机吧，其就是使用加速器来加速电子束并使其对撞的。"粒子束"武器的原理也差不多，就是利用加速器将粒子加速到极高速度，甚至接近于光速，并通过电极或磁集束形成非常细的粒子束流将其发射出去，用于轰击并摧毁目标。

电子对撞机

星系发出的粒子束

有资料表明，苏联是从 1974 年开始对粒子束武器进行研究的，并曾在电离层和大气层外的宇宙系列卫星、载人飞船和礼炮号空间站上进行了多次带电粒子束传导方法试验；在列宁格勒地区（现圣彼得堡）也进行过粒子束武器的地上试验，于 1978 年制造了粒子束产生装置。

美国从1978年开始启动了开发粒子束武器的"跷板"计划，1981年设立了定向能技术局来开发粒子束武器和激光武器，并从1981财年开始实施了预算额为3.15亿美元的5年开发计划。目前均尚处于实验室的可行性验证阶段。

粒子束武器的优点主要有：①不用光学器件（如反射镜）；②产生粒子束的加速器非常坚固，且加速器和磁铁不受强辐射的影响；③粒子束在单位立体角内向目标传输的能量比激光大，而且能贯穿目标深处；④不受云、雾、烟等自然条件影响，可以"全天候"作战；⑤可在极短的时间内命中目标，且一般不需考虑射击提前量；⑥中性粒子束能有效地将洲际弹道导弹的真弹头从大量的假弹头中鉴别出来。

粒子束武器的缺点主要有：①带电粒子在大气层中传输时，由于其与空气分子的不断碰撞，能量衰减非常快，而中性粒子不能在大气中传播；②带电粒子在大气中传输时易散焦，因此在空气中使用的粒子束只能打击近距离目标，而中性粒子束在外层空间传输时也有扩散；③受地球磁场的影响，会使粒子束弯曲，从而偏离原来的方向。

天基粒子束武器研制目前遇到的瓶颈问题主要有：①能源问题。粒子束武器必须要有强大的脉冲电源。对于中性粒子束武器实用化最关键的脉冲电源功率技术是连续波甚高频（VHF）射频源。②加速器尺寸和重量问题。由于中性粒子束不能穿越大气层，只能装在卫星上，所以减小加速器尺寸和重量是一大难题。③天基粒子束武器由于要在外层空间作战，在监视和跟踪系统方面，对传感器要求极高，而且传感器也有对尺寸和重量的要求。

粒子束既可实施直接穿透目标的"硬杀伤"，也能实施使目标局部失效的"软杀伤"。其毁伤作用表现在：①使目标结构发生形变／汽化或熔化；②提前引爆弹头中的引信或破坏弹头的热核材造成爆炸；③使目标中的电子设备失效或损毁。

粒子偏转磁铁

粒子束产生装备剖面图

太空战： 战略制高点之争

因为粒子束武器在研制方面存在上述一系列技术难题，尽管俄美都在积极对其进行研究，但目前尚处于实验室的可行性验证阶段。俄美对于粒子束武器的出发点立足于空间作战与防御，公开信息显示，目前研究进展最快的还是美国。美国在粒子束基础研究中主要是抓紧研究适于部署在地基和天基反导平台上的小型、高效加速器及其技术，目前正在研究小型环流电磁感应加速器。美国研制过一种实验加速器装置，其尺寸不大于一个办公桌，这是在外层空间部署时可以接受的尺寸。2019年，美军提出要求对中子性粒子束武器的研发进行拨款，美国导弹防御局计划在2023年年底前完成太空导弹防御系统的测试，其计划最早部署的天基粒子束武器主要用于拦截洲际导弹，顺利的话将在未来几年完成部署。但粒子束武器离真正实战化还有一段距离。

有一款《机甲世纪Ⅱ》的游戏，其中的远战型机体很好地诠释了粒子武器远距离、高杀伤的优秀特性。游戏世界中原子物理技术的飞跃式发展使得粒子武器的质量和体积已经缩小到可以直接装配机甲。

粒子束武器可瞬间熔化或打穿航母、卫星、导弹，将是世界上最厉害、最具破坏性、最先进的武器之一。

《机甲世纪Ⅱ》游戏中的战斗场面

空间攻击

太空神鞭
——高功率微波武器

高功率微波是指频率范围 1~300 吉赫及功率超过 1 吉瓦，并以光速传播的微波辐射。其传播时，既看不到，也听不到，"神不知、鬼不觉"，具有极高的军事应用价值。

高功率微波武器是与激光武器和粒子束武器同时发展的三大定向能武器之一，是指利用天线发射高功率微波定向波束攻击目标的武器。其主要的攻击目标是雷达、通信、导航、计算机、电子设备、武器控制及制导系统，能够击穿电子元件，烧毁电子设备，永久损坏电子系统。这种杀伤效应和核爆炸产生的电磁脉冲效应相似，因此，又被称为"非核爆炸电磁脉冲效应"。

高功率微波武器就像一种人造闪电，反应快、速度快、效率高，可在大气中畅行无阻，可以打击远距离目标而无需计算提前量，能够神鬼莫测隐蔽杀敌，并能重复发射，几乎可以对付所有现代最先进的武器，是防空、反导、反卫的理想手段，具有充当重要空间兵器的潜力，也是空间控制和反控制的重要武器系统之一。

作为一种高科技武器，高功率微波武器具有以下特点：

● 射束以光速抵达目标，速度快，瞄准精度要求低，可大大简化跟踪与拦截问题，缩短目标的反应时间，提高作战效率。

● 射束没有质量，不受重力影响，因此可摆脱动力学与空气动力学限制，无须进行复杂计算。

● 功率大，且具有多目标杀伤/防御能力。会产生三种不同程度的效应：致命、非致命、干扰或损伤等。

● 既可作为攻击武器，又可作为防御武器，同时也可以作为传感器（具有雷达跟踪潜能）使用。

● 成本低。例如，在进行导弹防御时，一枚拦截弹可能消耗数百万美元，而用高功率微波武器每发只需消耗几千美元就能取得相当的杀伤概率。

● 受气候条件影响小。

按不同平台，可以把高功率微波武器分为地基/海基、空基和天基三种。地基/海基高功率微波武器以车辆、坦克或舰船为平台，目前主要用于反精确制导武器等近程防御，未来发展目标是反卫星；空基高功率微波武器以巡航导弹或无人机为平台，主要用于攻击空中或地面的电子信息系统；天基高功率微波武器以卫星为平台，主要用于反卫星或临近空间目标，战略应用价值很高。

按照作战使用频率，我们把高功率微波武器划分为两类：一次性高功率微波弹，可重复使用的高功率微波武器。

高功率微波弹是以炸药和化学燃料的爆炸能为能源，用高功率脉冲发生器产生的电磁脉冲来破坏电子设备，具有体积小、重量轻、便于携带与投掷的特点。投射方式有：机载空投、无人机载弹自主攻击、导弹运载投射、火炮发射和人力投射等。高功率微波弹可进行电子战、战略空袭作战、进攻型防空作战、战场空中封锁作战等。

可重复使用的高功率微波武器可以装备到车辆、舰船、飞机、卫星上，用于攻击和防御反舰/空空导弹等战术导弹、无人机和卫星等，其在传输能力、快速性、可控性方面都有明显优势。

美国、俄罗斯、法国、英国和德国等都很重视高功率微波技术的研发和应用。美国和苏联从20世纪70年代开始研制高功率微波武器，初衷就是把它用于反弹道导弹和反卫星。21世纪以来，高功率微波技术开始向军用平台和进攻性武器的方向发展。

空间攻击

高功率微波弹将使先进武器及指挥系统失去效能

美国作为超级军事大国,在高功率微波的研究方面投资最多,每年仅花费在脉冲源上的就达数亿美元。1985年,美国在制定"星球大战"计划时,就把高功率微波武器列为其空间武器发展的主攻项目,重点研究电磁武器的杀伤机理。高功率微波武器属于美军的高度机密,虽然在1999年首次成功地进行了试验,但五角大楼一直没有公开这种武器的细节问题。《美国空军2025年战略规划》研究报告在未来武器构想中提出将要发展空基高功率微波武器,要求这种武器对地面、空中和空间目标具有不同的杀伤力。这种武器使用一组低轨(500~916千米)卫星站把超宽带微波投射到地面、空中和空间目标上,其可在一个几十到几百米的范围内产生高频电磁脉冲,摧毁或干扰目标区内的电子设备。

美各军种对微波武器都有特殊的要求。陆军提出把战术微波武器装在大型履带战车上,把定向性极高的天线装在直立的桅杆上,以利于瞄准。空军要求微波武器体积小,并采用专用天线。海军的舰载微波武器要求具有高功率、大天线和较远作用距离的能力。

美国现有技术较为成熟的高功率微波武器主要有以下几种。

太空战：战略制高点之争

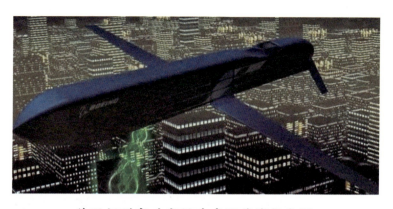

美国新型高功率微波武器作战想象图

（1）微波弹。美国在海湾战争中首次使用了实验性高功率微波弹。装上这种弹头的"战斧"巡航导弹导致了伊拉克部分防空网失效。美国能源部、空军、陆军都有微波弹药的发展计划。美国空军曾研制过多种高功率微波武器的实验性装置，最成熟的是压制敌防空系统的微波武器。利用飞机在目标上空投放微波弹，其爆炸产生的窄带微波脉

高功率微波弹

冲，可烧毁雷达接收机或防空系统内部灵敏部件。据报道，美国国防部现在至少有一种新型的非致命性高功率微波武器随时可以参战。

（2）电磁脉冲炸弹。1993年美国利用巡航导弹首次进行了非核电磁脉冲弹试验，试验成功阻断了通信并摧毁了来袭导弹。1996年菲利浦斯实验室研制了两种用于指挥和控制战/信息战的超宽带电磁脉冲炸弹。

电磁脉冲产生的感应电磁场将电子设备烧毁

（3）其他微波武器。Phaser、THOR高功率微波武器目前已研制成功，主要用于攻击无人机、无人集群及其他目标。陆军还在发展以无人机为运载平台的高功率微波系统，目的是实现用无人机攻击无人机。

长期以来，俄罗斯的多种高功率微波技术研究处于世界领先地位。俄罗斯在20世纪50年代就开始研究电磁脉冲效应和军事应用。20世纪70年代以来，高功率微波源获得了迅速发展，研究成果有小型便携式高功率微波源、陆基防空高功率微波发射系统样机等，SS-18洲际导弹也装备了电磁脉冲弹。著名的"克拉苏哈"电子战系统就是一种高功率微波干扰系统，曾在2014年的乌克兰冲突和2015年的叙利亚战争中表现出色。俄罗斯计划在第六代飞机编队配属的无人机上安装高功率微波武器，并正在研发"阿拉布加"（Alabuga）高功率微波脉冲导弹。

20世纪80年代以后,英国开始大力发展高功率微波技术。位于英国西南部的一座秘密设施曾研制过多种高功率微波武器。英国官方研究实验室和工业部门都参与了高功率微波武器的开发工作。英国计划将在研的微波炸弹安装在BQM-145A无人机上。英国国防部还计划在"风暴影子"巡航导弹上部署高功率微波武器。另外,英国还参加了美国波音公司的X-45高功率微波无人机计划。

德国和法国也很早就非常关注高功率微波武器的研究。法国从1988年起就将"用微波武器烧毁电子设备"的研究列入重点课题,1990年注册了制造电磁脉冲弹的相关专利,并研究出了微波炮弹。德国一直重视无人机载高功率微波武器的研究工作,同时还在研究用于防空作战的高功率微波武器,他们考虑把高功率微波与目标截获及跟踪传感器组合在一起,形成一种装在几辆车上的机动式联网防空系统。

高功率微波武器的作战效能

虽然世界各国都投入了很大资金来发展高功率微波武器,并有了一定的进展,但其要真正地投入到现代化战争中还需要很长一段时间,并需要克服一些技术瓶颈问题，如：微波源方面，如何取得高重频，以及如何取得更高效率；效应与建模方面，如何优化杀伤力、如何模拟功能杀伤，以及如何模拟失控/破坏；应用方面，如何取得更大的杀伤范围。

"近身歼敌"
——共轨反卫

共轨式反卫星武器，顾名思义，是指武器在进入目标卫星的轨道平面后，对目标卫星实施攻击。共轨式反卫星武器出现比较早，技术上相对成熟，主要有"反卫星卫星"和"太空飞行器捕获卫星"两种方式。

反卫星卫星

反卫星卫星，即所谓的"以星反星"，是指能将对己方有威胁的卫星摧毁或使其失效的卫星，又称拦截卫星，是共轨式反卫星武器的主要成员，实际上就是一种带有爆破装置的卫星。它在与目标卫星相同的轨道上利用自身携带的雷达红外寻的探测装置跟踪并靠近目标卫星，在距离目标数十米之内引爆载有高能炸药的战斗部，产生大量碎片来击毁目标。其主要用于摧毁中高轨道卫星，具有研发门槛低、周期短等特点。

反卫星卫星有两种作战方式：共轨攻击和快速上升攻击。共轨攻击是指运载火箭将反卫星卫星发射到与目标卫星的轨道平面和轨道高度均相近的轨道上，然后逐渐机动接近目标，一般需要若干圈轨道飞行后才能完成攻击任务；快速上升攻击是先把反卫星卫星射入与目标卫星的轨道平面相同而高度较低的轨道，然后机动快速上升去接近并攻击目标，这种方式可在第一圈轨道飞行内就完成拦截目标的任务。

到目前为止，攻击的技术手段主要有三种：一种是在反卫星卫星上装有杀伤性武器，如导弹、激光等；一种是电子对抗手段，通过卫星发射出强无线电波来干扰对手卫星的电子设备；另一种是同归于尽，利用变轨抵近后炸毁敌方卫星。

微小卫星技术的普及将为共轨式反卫增添助力。微小卫星具有研制周期短、成本低、抗毁能力强、更新快、可快速机动、搭载发射、使用灵活等特点，具有变身"轨道杀手"的潜质。

早在20世纪70年代，苏联曾多次使用反卫星卫星摧毁目标卫星。反卫星卫星发射后进入目标卫星轨道，利用自身携带雷达或红外寻的装置搜索和跟踪目标，随后变轨接近目标卫星。当目标处于攻击范围时，反卫星卫星引爆携带的高性能炸药，与目标卫星"同归于尽"，或者通过布撒金属颗粒、气溶胶等，损毁目标卫星内部元器件，使其瘫痪。20世纪80年代初，反卫星卫星系统仍然处于试验阶段。为了进一步增强太空威慑能力，俄罗斯正通过多种措施积极研发反卫星技术，并已经取得成效，如通过卫星变轨方式靠近对手在轨卫星以及让卫星在轨道上高速弹射小物体，其中前者可被用于多种用途：既可以修复出现故障的空间飞行器，也能够使它们失灵，甚至摧毁它们。2014年5月、9月及2015年3月分别发射的"宇宙–2499"、射线卫星以及"宇宙–2504"卫星，均被披露进行了一系列针对非合作目标的在轨快速机动与交会试验，展示了精准的轨道交会和对接变轨能力。2020年，有报道称俄罗斯"检察员"在轨卫星靠近了美国KH–11侦察卫星。2019年，据称俄罗斯KB Arsenal公司在开发Ekipazh新型核动力军事卫星，使其具备实施太空电子战的能力。

20世纪90年代初，美国提出了用"智能卵石"系统攻击地球同步轨道和半同步轨道卫星的想法，其发展的"防御有限攻击的全球保护系统"（GPALS）计划包括一个拥有1000枚"智能卵石"小卫星的系统。这些"智能卵石"小卫星平时在既定的轨道上运行，一旦探测到目标卫星，就可以像自动寻的目标导弹一样寻的目标卫星。还有这几年"出尽风头"的马斯克"星链"系统，其星链卫星上都载有离子电推进发动机，能够实时接收到来自地面的太空碎片监控情况。必要时，卫星能够自主优化轨道并实施变轨，以免被太空碎片击中。有分析指出，"星链"计划的这种防撞技术可以用来拦截敌方卫星或弹道导弹。2021年，美国"USA-271"卫星曾主动靠近中国"SJ-20"卫星，进行抵近侦察。

俄罗斯"检察员"卫星接近美国KH-11侦察卫星

日本政府也正在考虑发射能够在太空让他国军事卫星失去能力的干扰卫星。

随着科技的发展，反卫星卫星将具有拦截多个目标的能力。

太空飞行器捕获卫星

除直接摧毁目标卫星外，使用太空飞行器捕获卫星（又称"俘获式共轨反卫星"）也属于共轨式反卫星的手段，被业界称为最有效的反卫星方式。俘获式共轨反卫星技术堪称独辟蹊径，使用太空飞行器贴近目标轨道，在进入轨道之后，平时"双宿双飞"，必要时则化身"卫星杀手",利用机械臂通过"强行对接"将卫星捕获,使其偏离轨道或因零件缺损而失效。但在实际中,由于这种方式危险系数极高,并不作为主要的反卫星方式。

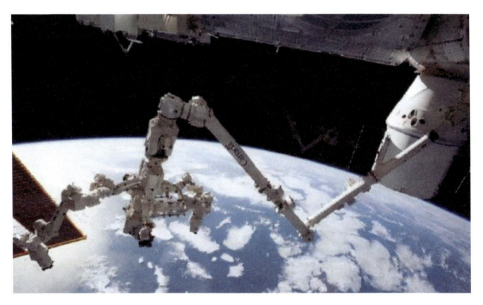

捕获卫星方案

美国在利用太空飞行器捕获卫星方面的研究可谓先人一筹。1969年美国首次载人登月后,打算扩大"阿波罗"飞船的货舱,并在飞船内部设置遥控机械臂。当飞船进入空间轨道后,宇航员对空间轨道卫星实施跟踪和识别,并采用电子干扰引诱苏联卫星脱离地面指挥中心的控制,转而听从己方指令直接飞进宇宙飞船的货舱,或使用机械臂抓住苏联卫星。再以退役的美国航天飞机为例,其搭载的细长机械臂,可用来抓捕机身附近的卫星,对其实施破坏,或将捕获的卫星装进航天飞机内,带回地面研究。航天飞机退出历史舞台后,用太空飞行器装配机械手捕获卫星的做法并未停止。据介绍,美国国防部高级研究计划局通过"凤凰计划"项目开发出拥有多条机械臂的"服务卫星",能够进行"抓卫星—拆卫星—组装卫星"等操作,进一步加强反卫星的能力。美国国防部高级研究计划局还推出了"地球同步卫星机器人服务",用于维修、延寿、组装、检测或重新安置其他在轨航天器。2020年7月,为测试天基反卫星武器,俄罗斯发射"俄罗斯套娃",对美国的245号战略卫星进行了模拟攻击。美方表示俄罗斯"宇宙-2542"卫星携带的飞行器是无后坐力太空炮,可以摧毁美国的所有卫星。日本也在研究机械臂、电磁波、网络攻击等干扰卫星的手段。

公开资料显示,共轨式反卫武器的作战过程一般需要1.5~3小时。共轨式反卫除了破坏和干扰目标卫星以外,还可以采取其他多种措施"精确反卫"。但它也有固有缺点,如在外层空间卫星要改变自身运动状态只能消耗自身携带的推进剂,而卫星所携带的推进剂数量是有限的;同时受发射地域、目标和拦截器之间相对运动的条件限制,在空间攻击目标实施起来比较复杂。

空间攻击

"直击目标"
——直接入轨式反卫星导弹

直接入轨式反卫星导弹（也有人称为"直升式反卫星导弹"）是一种典型的反卫星武器，采用火箭推进或电磁力驱动的方式把弹头加速到很高的速度，直接碰撞击毁卫星，也可以通过弹头携带的高能爆破装置在目标附近爆炸产生密集的金属碎片或霰弹击毁卫星，以达到让对方失去卫星支援，从而削减对方作战能力的目标。其也可以看作是一种特殊的反弹道导弹，不过拦截对象不是弹道导弹，而是飞行高度更高的卫星。

各军事大国目前广泛采用的反卫星导弹就是直接入轨式反卫星武器。全球拥有这种反卫星导弹技术的国家有四家，分别是：美国、俄罗斯、中国、印度。

直接入轨式攻击指的是利用从水下、海基、陆基或空基平台发射的武器系统，通过动能方式直接对卫星实施火力打击或动能撞击。其具有的优点是：直接入轨式反卫星导弹既不需要大推力火箭将其送入轨道，也不需要进行变轨。导弹发射升空后，直接进入预定拦截点对目标卫星实施拦截摧毁，全程作战时间短。

从搭载平台可以分为：地基直接入轨式反卫星导弹、空基直接入轨式反卫星导弹。

地基直接入轨式反卫星导弹

顾名思义，所谓地基直接入轨式反卫星导弹，是指从水下、海基、陆基平台发射的直接入轨式导弹，属于"硬杀伤"反卫星武器。公开资料显示，整个作战过程只需要8~13分钟。它与弹道导弹防御系统有着一脉相承的关系，也就是说，能在大气层外拦截弹道导弹的武器，在一定程度上都具备反卫星能力。从这一点上看，美国的陆基中段弹道导弹防御系统、舰载"宙斯盾"系统、"萨德"系统以及俄罗斯的S-500、S-550（在研）系统都具备击落特定轨道卫星的能力。

1989年，美国开始重点发展地基直接入轨式动能反卫星武器系统。1994年，美国成功进行了反卫星导弹的动能杀伤拦截器地面捷联试验，1997年进行了首次悬浮飞行试验。1996年美国开始了一种新型反卫星武器的试验，在导弹与卫星遭遇时，以一张巨大的聚酯板拍打卫星，使卫星内部的仪器失灵，而卫星仍保持完整的外形，从而可以减少空间碎片。2008年，美国海军在代号"燃烧冰霜"的行动中，通过"宙斯盾"战舰使用"标准-3"反导拦截弹击毁了失控的卫星，证明了其反卫星作战潜力。美国目前已经在加利福尼亚州范登堡空军基地和阿拉斯加州格里利堡部署了44枚地基拦截弹，并计划到2023年增至64枚。

俄罗斯的地基直接入轨反卫星导弹系统配有发射车，作战时可灵活部署，可锁定在轨卫星并进行打击，令对手防不胜防。目前，俄罗斯反卫星武器库中，具备直接入轨式反卫星能力的有A-235"努多尔"导弹、S-500导弹系统。其中"努多尔"导弹首次试射是在2015年11月，目前已经进行了多次的反卫测试。

印度将反卫星能力作为大国身份的象征。2019年，印度进行了绰号为"沙克提使命"（Mission Shakti）的PDV-MK-Ⅱ型反卫星导弹测试，成功摧毁了一颗报废的低地球轨道（LEO）气象卫星。根据印度官方的说法是，印度军方仅用3分钟就有效捕捉到LEO卫星的飞行轨道，并将其瞄准击落。

俄罗斯"努多尔"反卫星导弹系统

空基直接入轨式反卫星导弹

空基直接入轨式反卫星导弹是指利用空中平台发射的、用来攻击在轨卫星的直接入轨式导弹。公开资料显示,空基直接入轨式反卫星导弹的作战过程可能需要10~15分钟。由于直接入轨式反卫星导弹的战斗部更小,可以像常规导弹一样部署发射,因此早期就研制成功。美国是全球第一个成功进行机载反卫星测试的国家。世界上第一款空基直接入轨式反卫星导弹是美国空军的 ASM-135 反卫星导弹。1976年，美空军开始发展空中发射的直接入轨式动能反卫星武器系统，并在 1985 年进行了首次拦截卫星的飞行试验，该导弹由 F-15 战斗机发射，并成功地拦截了一颗报废的实验卫星。该计划由于美苏的限制军备谈判而于 1988 年终止。

美国首次机载发射反卫星导弹

2014 年，俄罗斯重启了"树冠"反卫星系统，其中的打击系统由 3 架米格-31 战斗机改装而成，该机配备的 76M6"接触"导弹用于摧毁敌方卫星。2018 年，米格-31 战机挂载反卫星导弹完成试飞。

作为反卫星武器的主要手段之一，直接入轨式反卫星导弹是最难掌握的导弹技术之一，难度主要体现在以下几个方面：

米格-31战机挂载反卫星导弹试飞

首先,卫星相对而言体积小、速度快,在太空中飞行很难被有效观测和跟踪。其次,攻击第一步需要大型X波段雷达有效发现并跟踪在轨卫星,只有持续跟踪卫星,才能观测其运行轨道,并对其进行解算;第二步,需要超级计算机根据观测结果解算卫星轨道;第三步,导弹必须达到足够的飞行速度;第四步,需要高度精确的制导技术,确保导弹能够准确接近并摧毁目标。另外,大气层外的宇宙空间数据比较难以获悉,所以对于如何让导弹击中目标比较难以掌控,且由于卫星会与地球一起运动,发射地点也需要进行合理选择。

随着太空竞赛的加速,各军事大国都在积极寻求能对他国构成威胁的空间对抗武器系统,越来越多的国家开始研制直接入轨式反卫星导弹,太空军事化的严峻形势凸显。

"轨道轰炸机"
——空天飞机

空天飞机是一种兼具航空与航天能力的新型飞行器。它可根据不同的需求，在大气层和卫星轨道上灵活机动，是航空航天技术、卫星技术发展和航空航天军事竞争的结果，也是航天市场需求的牵引结果。空天飞机既能像普通飞机一样在跑道上起降，在临近空间内以马赫数13~25的速度高速飞行，还能作为航天器进入近地轨道，以实施种种太空作战行动。

空天飞机具备以下几个特点：反应速度快，可实现全球快速机动与突然打击；作战用途广，使用灵活性强；具备机动能力，可灵活变轨，既可以躲开来袭的反卫星导弹，同时也能保证其信息情报侦察的覆盖率；其结构材料和功能材料能够保证长期重复使用，重复使用率高，经济效费比好，除消耗推进剂外，不抛弃任何部件；具备水平起降能力，受地理、气象等自然条件限制少，复飞间隔较短，数天甚至数小时后即可再次起飞；能在战争一爆发就进行"即时打击"，是未来战争中可与航空母舰媲美的强力杀伤性武器。军事方面的显著优势使其必将成为各大航天强国争夺制天权与空间优势的战略武器平台。

作为一种新型空间作战武器，得益于较强的空天机动能力，空天飞机在空间对抗领域的潜在用途有：把卫星送入地球轨道，一次可投放多颗卫星；对在轨运行的卫星进行维修或回收；在高空中或太空轨道上发射导弹破坏对手的卫星,甚至直接靠近对方卫星并将其捕获收为己有;通过更换不同载荷,可作为多种空/天基武器的发射平台,执行各种诸如拦截、侦察和轰炸等军事任务;空天飞机能像空间站那样在轨长期停留,如果配备先进的指挥控制系统,一旦战时需要,可以直接承担作战指挥控制任务;向空间站运送各种物资。

空天飞机就像是"轨道轰炸机",是一种潜在的有效反卫武器。作为反卫武器,空天飞机执行任务的原理如下:利用自身的探测设备,发现目标卫星,并对其进行跟踪和干扰,使其失灵或将其摧毁,或将它"俘虏",窃取它已获得的情报,或将它送入错误轨道,或干脆将其带回地面;利用空天飞机的灵活机动性和配备的机械手,维修或回收在轨军用卫星,或为在轨军用卫星补充燃料,延长其寿命或增强其轨道机动能力等。

20世纪60年代初,人类就对空天飞机作了一些探索性试验,当时称其为"跨大气层飞行器",但试验因技术和经济条件问题而夭折。到了80年代,世界上出现了发展空天飞机的热潮,美、英、法、德、苏联、日本、印度等国都提出了各种研制空天飞机的计划和方案,如美国的X-30空天飞机、英国"云霄塔"空天飞机、德国"桑格尔"空天飞机、印度"艾瓦塔"空天飞机、日本"希望"号空天飞机等,但终因受当时航空航天技术水平和经费的限制,这些计划和方案都没有变为现实。20世纪90年代以后,世界航空航天强国纷纷将发展重点转向空天飞机的预先研究和技术验证工作。1984年和1992年美国航天飞机在轨维修和回收卫星的实践表明,航天飞机既能用来在轨道上捕捉、破坏目标卫星,又能装备反卫星武器。2010年,美国X-37B轨道试验飞行器的成功发射,又掀起了世界多国对空天飞机的研制热潮。

目前,美国在空天飞机的研发方面处于领先,先是国家空天飞机计划(NASP,1995年终止),后来就是XS-1空天飞机(2020年终止)、X-37空天飞机等。当前最有影响力的是X-37飞行器,其升空后

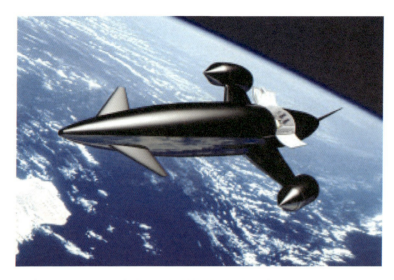

英国"云霄塔"空天飞机

可迅速到达全球任何目标的"上空",利用自身携带的有效载荷(当前没有装备武器,但具备搭载激光武器和导弹的潜力)侦察、控制、捕猎或者摧毁敌国卫星和其他航天器,甚至向敌国地面目标发起攻击。截至目前,该飞行器已经完成6次成功地在轨飞行试验,最长在轨时

美国的X-37B空天飞机进行太空微波武器试验

间长达 908 天，初步具备了作战效能。据公开资料显示，2020 年 5 月 17 日发射升空的 X-37B 的秘密任务包含"将太阳能转化为射频微波能，然后将这种能量传给地球"。虽然美国海军研究实验室（NRL）称这项技术未来可以"为在阿富汗的前线部队提供电能"，但这束微波就可以用来当成武器使用，成为其"一小时全球打击计划"的一部分。

当前俄罗斯高超声速技术水平也是世界领先，其先后推出了"针式""彩虹 2"等验证机计划，对高超声速空天飞机进行预研，启动了多用途空天系统计划，并已进入空天飞机的飞行验证阶段。

虽然当前世界军事强国普遍都开展了对空天飞机的研究，在相关项目的研究上都投入了巨大的人力、物力、财力，带动了相关技术的进步，积累了一些经验，也取得了一些进展，但由于该研究技术难度大，所需投资多，研制周期长。还都没有进入实用阶段，目前急需解决的问题主要是对气动结构、耐热材料、超燃冲压发动机等技术上的突破。

作为航天运载工具的一种，空天飞机的初始研发目的是降低空天之间的运输费用。但随着颠覆性技术的快速发展和技术瓶颈的逐一突破，相信在不远的将来，空天飞机的用途将得到拓展，成为各国争夺制空权和制天权的关键武器之一和不容忽略的重要太空作战武器之一。

太空战：战略制高点之争

"以柔克刚"
——"软杀伤"

在实际空间对抗中，除对目标卫星展开"硬杀伤"外，很多情况下，还可以通过电子对抗、网络攻击等手段对目标卫星实施"软杀伤"。

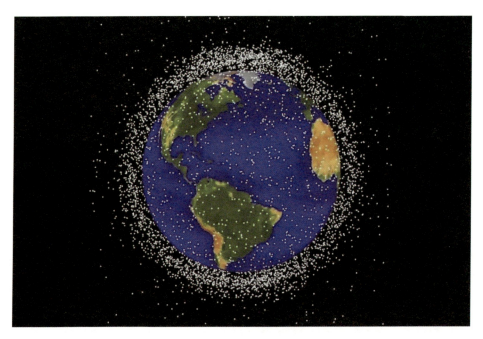

空间密布的卫星

空间攻击

"软杀伤"是指通过各种电子手段，破坏和削弱目标卫星上的电子设备效能，使卫星和地面站之间无法进行通信，使对手的通信系统失灵、雷达迷盲、信息错乱。虽然未直接对卫星造成物理损毁，但却使其失去作战能力，让卫星看不真、听不准，变成瞎子、聋子、疯子、哑巴，无法有效应用。

软杀伤武器可以分为两类：一类是以计算机病毒等为代表的计算机网络攻击型信息武器，一类是以电子战武器为代表的电子对抗型信息武器。软杀伤武器因具备响应快速、隐蔽性好、成本低廉等优势，而且特别容易进行责任推卸，近年来获得各国的青睐，成为卫星电子对抗领域的热点之一。

最常用的卫星软杀伤方法是干扰目标卫星的雷达、通信等功能载荷信号接收部件。作战时，用干扰发射天线对着目标卫星上的载荷接收天线，发射或制造与载荷信号同频或非同频的大功率干扰信号。同频干扰指的是干扰信号的载频与卫星载荷信号的载频相同，其对卫星载荷信号造成的干扰以功率占用为主，通过对卫星接收通道进行一定频率范围内的功率占用，使干扰信号的场强远远大于正常的卫星信号场强，形成假回波或吸收电磁波，以达到扰乱或欺骗星载电子设备，从而使其失效或降低效能。非同频干扰指的是干扰信号的载频与卫星载荷信号的载频不同，其对卫星载荷信号造成的干扰，主要包括邻频干扰、互调干扰、阻塞干扰、杂散干扰等。

对卫星实施软杀伤的另一种方法是破坏卫星的正常运行。卫星几乎都需接收指挥中心的遥控指令，并回送遥测数据、姿态控制等信息，如果通过侦收手段掌握目标卫星遥控信号的特征，就可以对其实施干扰，使目标卫星失去地面控制，无法正常运行。也可发射遥控指令改变目标卫星的运行状态，使其偏离轨道、改变姿态等。

软杀伤不仅可以对导航、通信、遥感、气象、侦察等类卫星实施干扰，还可以对火箭遥测遥控信号加以干扰，打乱其正常的飞行控制流程，让目标卫星甚至载人航天发射遭遇失败，威胁巨大。

俄罗斯"克拉苏哈-4"电子战系统对卫星和预警机实施软攻击

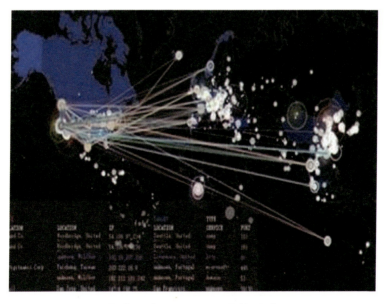

通过黑客干扰卫星通信设备

空间攻击

世界军事强国都正在加快步伐提升卫星软杀伤能力,确保在保持作战优势所依赖的太空资源竞争中处于不败之地。

美国是最早发展软杀伤式反卫星武器的国家。21世纪初,美国空军就提出了太空战的几种层次,包括直接摧毁、部分摧毁、阻止功能发挥、降低性能等,所采用的手段被分成了硬杀伤和软杀伤两种。其中软杀伤手段包括遮挡天线、电子干扰、网络对抗等,美国相继从破坏卫星传感器、通信设备、通信链路、供电设备等多个方面展开研究,并取得一定成果。如今,甚至只需一个指令就能对目标卫星信号进行干扰或者彻底阻绝,令其"失明"。2004年9月,美国空军在彼得森基地部署一套"反卫星通信系统"(CCS Block10)。这套系统外表像一台便携式移动卫星通信终端,它可以利用无线电波,在不烧毁卫星通信系统的同时,对卫星传输信号进行临时且具有可逆性的破坏。2009年美国部署了"第二代反通信系统"(CCS Block20)。美天军共有16套CCS,并且正在开发新一代反卫星通信系统——"牧场"(Meadowlands)系统。总之,在卫星软杀伤方面,美军不但技术高超,而且经验丰富、技艺娴熟,使其在地面战争中有数十年的胜绩。

俄罗斯在电子对抗式反卫星武器研发方面也取得了一定成果。俄罗斯曾在电离层范围内引爆核弹,借用核弹产生的电磁脉冲,破坏或者干扰定轨卫星的通信和电子元件。俄罗斯已部署范围广泛的陆基电子战系统,装备了大量能够干扰雷达和卫星通信的移动干扰器,确保在必要时能够最大限度削弱对手在GPS系统、卫星通信和雷达等方面的优势。俄罗斯经常使用GPS干扰机干扰美韩军事演习,扰乱与韩国边境的空中和海上交通。伊朗也曾在霍尔木兹海峡入口附近的一个岛屿上放置了GPS干扰机,以干扰民航飞机和船只,使其误入伊朗海峡或领空从而被扣押。俄罗斯2019年正式装备部队的"季拉达-2S"电子战系统是一种非常机密的电子战武器,是专门为破坏战术和通信卫星研制的,它曾对正在试图窥探俄罗斯基地的美国"哨兵-1""哨兵-2"侦察卫星进行软杀伤,致使其图像模糊不清。

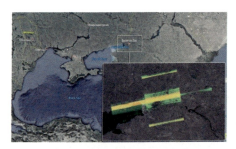

成像卫星干扰

2011年12月，一架美军RQ-170隐身无人侦察机被伊朗俘获，轰动世界。当时，RQ-170进入伊朗境内进行侦察时，伊朗先对其进行通信压制，使其失去了美方的遥控，之后，伊朗利用RQ-170的GPS导航系统缺陷，直接重构了RQ-170的GPS卫星导航坐标，使该机误认为已经抵达美军在阿富汗的基地，从而降落在伊朗境内。

未来，随着网络技术的高速发展以及5G技术走向成熟，卫星将越来越多地融入网络体系，这意味着网络也将成为反卫星武器之一。黑客组织正在谋求对卫星实施网络攻击，甚至计划入侵卫星操作系统。不妨试想，在未来战场上，针对卫星的网络攻击一旦得手，轻则可以干扰和阻断对手的网络通信，重则直接劫持并控制目标卫星，其破坏性不可低估。

空间攻击

"断筋斩链"
——切断卫星通信链路

在反卫手段中,"断筋斩链"是最早出现、最普遍、最基础的反卫星战术。这种"杀星于无形"的反卫星手段,可以运用现有成熟技术(如卫星电子干扰技术等)对通信链路进行干扰,使卫星和地面站之间无法进行通信,从而达到使卫星失效的目的。这种手段不仅可以降低目标卫星的作战能力,而且方式隐秘,可有效降低政治风险。

卫星通信

随着天、空、地一体化信息系统技术的突飞猛进发展和广泛应用,信息在军事作战体系中的地位变得举足轻重,掌握了制信息权对信息化战争的胜负起着至关重要的作用。在全球战略战术通信中,通信卫星成了指挥、控制、通信和情报收集的重要工具。

卫星通信具有其他军事通信方式难以替代的特点和优势,如:
● 频带宽、容量大,能传送话音信号、侦察情报、气象情报等大量数据信息;
● 覆盖范围广,作用距离远;
● 具有多址广播能力,利用多址连接,实现卫星区域内的各种终端通过卫星联网互通,方便通信网络的建立;

太空战：战略制高点之争

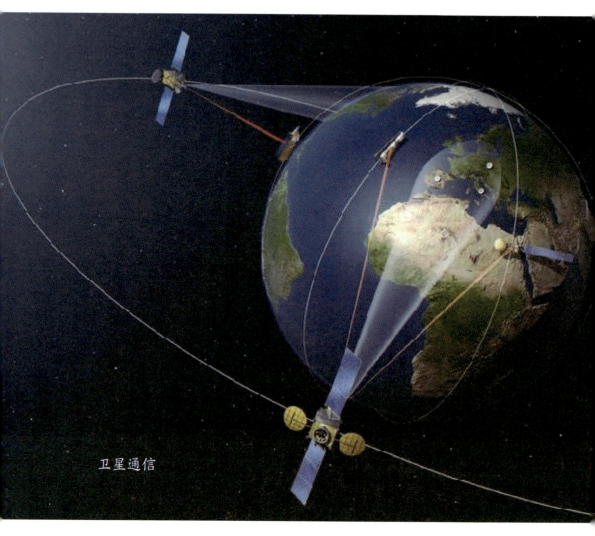

卫星通信

- 卫星通信地球站可根据需要设置，不受地形等限制。

卫星通信的主要过程一般为：信息由地面站发送，经卫星转发，由地面接收站接收。因此，卫星与地面站之间的通信通过上行链路和下行链路进行。前者的信号质量由地面站发送的信号功率和卫星收到的信号决定，后者的信号质量由卫星转发信号的功率和地面站接收的信号功率决定。

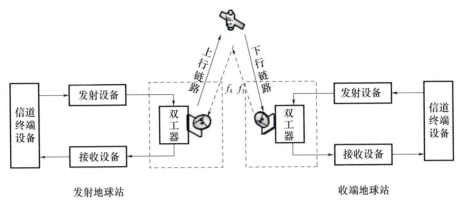

卫星通信链路

切断通信链路

卫星通信固有的一些弱点为：

● 卫星通信一般是利用转发器进行中继通信，服务对象多且分散，天线覆盖范围较大，分布在不同的海域、空域和地域；

● 卫星接收系统进行空间扫描时需要较长的信号捕获时间；

● 卫星通信采用远距离通信，路径损耗极大，由于传输信号的功率与传输距离的平方成反比，因此卫星接收到的上行信号与地球站收到的下行信号都很微弱；

● 随着反太空武器的不断发展，卫星通信的空间部分容易受到袭击。

上述这些弱点致使卫星通信链路传输的抗干扰能力较弱，外部环境如电离层辐射、大气散射、太阳黑子、外部信号串扰等对通信链路质量影响较大。卫星通信技术的兴起，促进了对卫星通信干扰技术的研究和发展，卫星通信对抗已成为军事行动的重要考虑因素。

破坏或削弱目标卫星通信的方式主要包括：杂波干扰、电磁干扰、极化干扰、硬武器摧毁、定向能武器摧毁、高能粒子摧毁、激光武器摧毁以及采用反卫卫星进行拦截杀伤等，此外还有因自然现象产生的自然干扰。

通信卫星一般距离地面500~40000千米，对于地球同步轨道（GEO）卫星来说，通信站和干扰站与卫星的距离基本相近。如果干扰机带宽比卫星使用的带宽窄的话，可以利用时分技术干扰卫星的转发器。通过波束转换，一部干扰机可以干扰一颗或多颗卫星。在卫星通信过程中，一般会受到干扰的环节是卫星本身和上、下行链路。

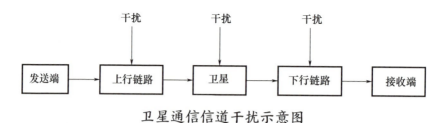

卫星通信信道干扰示意图

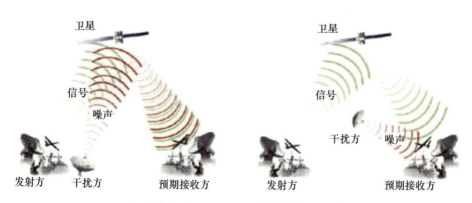

卫星上行和下行链路的干扰示意图

1）干扰上行链路

对卫星通信上行链路进行干扰是一种常见的干扰方式。

上行链路的干扰方式主要有：对于模拟信道或数字信道调制方式的卫星信号，一般可采用单音、多音、窄宽带噪声调频、阻塞式干扰等方式；对于调频和扩频信号，一般可采用瞄准型和转发型干扰（即经上行链路干扰卫星转发器）等方式。干扰源一般多为地面固定或具有移动性的大功率干扰机,其产生的干扰信号只需在转发器频带内即可,不一定非要在信号频带内才有效,干扰信号进入转发器后可以通过分配功率来降低整个转发器信号的性能。

当然,干扰上行链路会存在如下问题:
- 卫星通信的上下行频率不一致,因此存在频率引导问题。
- 如果干扰设备不在卫星通信天线的覆盖区域内,就只能进行旁瓣干扰,导致不能有效压制卫星通信,达不到干扰目的。
- 由于中低轨卫星运行周期短、连续观测时间少,因此还存在对中低轨卫星的跟踪问题。
- 如果通信卫星不在干扰设备的视距内,就不能对通信卫星进行有效干扰。
- 现在的军用通信卫星都采取了各种抗干扰措施,包括:①自适应调零天线技术;②扩频技术,调频、直接序列扩频、跳时及它们的组合;③ Smart AC-C 技术;④星上处理技术;⑤空间波束交换技术;⑥开发新工作频段。对于这些抗干扰技术,还需要进一步去研究和探讨干扰措施。

2)干扰下行链路

卫星下行链路是卫星信息传输的重要途径,下行链路信号是可侦收的。下行链路干扰指的是下行转发型干扰,不破坏星载系统就可有效压制敌方特定区域内的卫星通信,因此对卫星通信下行链路的干扰既可以直接对准卫星信标和遥测信号,也可以瞄准通信信道。

按照产生原因,卫星干扰大致分为:自然现象干扰、人为干扰、设备故障干扰、其他类型干扰。

干扰源主要是低轨干扰卫星和机载干扰机、舰载干扰机、地面干扰机等,要求其产生的干扰信号须在信号频带内,与被干扰信号的频率不能相差太远,另外干扰效果还与干扰信号与天线的夹角有关。低轨卫星干扰方式具有覆盖面广的特点,但由于远距离损耗及星上容积、质量、能源受限等因素,应用范围受到一定限制。机载干扰机由于离敌地面终端距离近，覆盖面宽，可以用比地面干扰小得多的功率达到很好的干扰效果。舰载干扰机和地面干扰机可以使用大功率、高增益天线，但由于波束偏角、地球曲率、地物障碍等原因，其干扰效果不会太好。

美国2014年投入运行反通信系统（CCS Block10.1），该系统可在全球范围内部署，对预警卫星、通信卫星、广播卫星系统等上行链路进行干扰。这些年，美军一直在升级该系统，目前最新版本是CCS Block10.2，美军已初步采购了16套反通信系统，预计2023年到2027年再装备28套。2019年，美开始研制新一代反卫星通信系统"牧场"（Meadowlands），此系统主要用于临时干扰中俄的通信卫星信号，采用敏捷开发、安全和操作概念（Agile DevSecOps）等方法，以适应不断变化的战场，美军计划将部署48套"牧场"系统。

反通信系统（CCS）

2011年，德黑兰通过"干扰卫星通信链路并欺骗接收到的GPS信号"击落了一架美国 RQ-170 无人机。2014 年俄罗斯通过 R-330Zh 和 R-381T2 两套系统在乌克兰干扰 GPS 信号。据报道,俄罗斯正在研发一种新型电子战飞机,可使敌方导航和通信卫星失效。

利用空间电子攻击手段击落的 RQ-170 无人机

虽然卫星通信链路干扰手段已经被广泛应用。但"魔高一尺,道高一丈",随着量子通信技术等高科技的飞速发展和应用拓展,新型卫星通信抗干扰技术也在不断涌现,因此,对链路干扰效能的提升和手段的探索也在一直进行中。

"斗眼"
——导航战

从 20 世纪 60 年代世界上第一颗导航卫星"子午仪"发射升空以来，人类首次具备了利用卫星获取时间（授时）、空间（定位）、空间随时间变化（导航）的能力。发展到现在，全球拥有四大卫星导航系统：美国的全球定位系统（GPS）、中国的"北斗"系统、俄罗斯的格洛纳斯（GLONASS）系统、欧洲的伽利略（Galileo）系统，不但可以为诸如交通运输、工程建设、现代物流、精细农业等国民经济提供准确的地理信息支持，而且也可以在军事应用中提供精确、可靠和全面的位置引导信息。卫星导航也逐渐成为面向几乎所有领域、对所有人都不可或缺的一部分。在我们的生活中，快递、百度地图、高德地图、滴滴、共享单车等基于导航的服务已成为大家必不可少的好帮手，在军用方面，导弹、飞机、战舰、无人机等各类武器更是离不开卫星导航。全球卫星导航系统所提供的定位、导航、授时已成为军用、民用领域不可或缺的关键能力。

然而，卫星导航并没有想象中那么可靠，导航卫星、导航控制站、终端接收机等任何一部分被干扰时都会导致导航出错。因此，能够限制敌对方导航能力的各种手段不断引起广泛关注。近年来，全球卫星导航系统（GNSS）欺骗技术和方法不断涌现，对抗事件层出不穷，导航战呼之欲出。

GPS 星座

GPS Ⅲ卫星

何为导航战？1997年，美军正式提出了"导航战"概念，其定义为：阻止敌方使用卫星导航信息，保证己方和盟友部队可以有效利用卫星导航信息，同时不影响战区以外区域和平地利用卫星导航信息。从其任务角度看，导航战可分为进攻性导航战和防御性导航战。

进攻性导航战技术是指采取主动性手段，干扰、破坏甚至摧毁敌方导航系统和设施，从而破坏敌方对于现代导航定位服务的获取能力，降低敌方作战效能。主要包括：①针对导航系统空间部分的攻击手段，可通过反卫武器直接杀伤导航卫星，目前已经出现的包括定向能武器、反卫星导弹等多种反卫武器都可以用作空间段攻击手段；②针对导航系统地面运控部分的攻击手段，由于地面运控站、监测站和上行注入站等设施一般为全球部署，可采取无线电干扰、信息安全攻击等手段使其难以正常工作，进而使得整个导航系统无法正常运转；③针对系统的用户部分的攻击手段，采用压制和诱骗干扰等多种手段，对机载、车载、弹载和便携式等导航终端进行直接干扰，使其无法输出或错误输出导航信息，进而起到干扰导航系统正常使用的作用。

防御性导航战技术是指采取被动性手段，通过有效抵抗、化解相关破坏与干扰，从而保障己方准确、可靠的导航定位服务。主要包括三大基本手段：①针对导航系统的空间部分，优化导航卫星星座设计，使其轨道排布更加合理；采用电磁或激光加固技术提升卫星的防护性能；通过星间链路等技术提升星座的自主运行能力，从而可以有效抵御反卫武器的打击威胁。②针对导航系统的地面运控部分，加强地面运控设施及其周边区域的安全保卫措施，优化不同类型基础设施的地面部署，对于关键设施进行冗余配置，对系统的遥测和通信链路进行加密保护，防止信息安全攻击。③针对用户部分，根据实际需要，优化系统的信号体制设计，提升信号的防篡改、防破译和防干扰能力；提升导航终端的抗干扰能力，采用自适应干扰抑制、射频检测、组合导航等多种技术，确保终端及时发现并上报潜在的恶意干扰。

空间攻击

导航战的例子屡见不鲜。伊朗曾多次捕获/击落美军无人机。如2011年12月4日完整捕获RQ-170隐身无人机；2019年6月20号击落RQ-4"全球鹰"无人机。随着针对导航系统及其无线电信号频谱的争夺和控制愈发激烈，军事对手之间的导航战已经成为战场军事对抗的一个核心要素。美军已将导航战列为继电子战、信息战及网络战之后新的作战样式。

20世纪80年代起美军就开展了导航战研究。近年来，为了占据主导地位，美军针对导航抗干扰先后进行了以下工作：①针对GPS空间段逐步老化等问题，开展了GPS现代化计划，提高导航战能力。陆续建造并发射具有更高发射功率和抗干扰措施的GPS Ⅲ系列卫星，以增加敌方干扰其导航定位信号的难度，为21世纪导航战服务。②改进了GPS信号体制，在原有C/A码和P码基础上增加了M码、L2C信号和L5频段，不仅大大增强系统的抗干扰能力，为美军在重点作战区域执行特种任务时提供排他性导航定位支持，还能够在强干扰环境下完成信号捕获，以提升终端用户的接收灵敏度性能。③根据用户需求设计不同的终端，增强终端的导航对抗能力。如军方GPS接收机通过选择可用性/反欺骗模块、改进算法、加装先进天线技术等措施提高抗干扰能力。美陆军的弹载GPS接收机天线可对抗多种类型的GPS干扰信号；洛克希德·马丁公司已研制出专用抗干扰GPS接收机——G-STAR，采用了数字信号处理技术和自适应技术，可有效抑制干扰信号；M码接收机采用了先进的加密电路；联合使用多种导航技术，当GPS信号遇到干扰或欺骗而出现失效时，启用惯性导航传感器提供精确的位置、速度和姿态信息。

在抗干扰同时，干扰方面美国已经研发了多种GPS干扰机，有车载的等效辐射功率为100千瓦和1千瓦的干扰机；有装在直升机上50千瓦和装在无人机上100千瓦的干扰机；有气球载的1瓦的干扰机；还有直径只有7.6厘米的用于放在敌方设施附近或者撒布在敌方阵地用的小体积干扰机。

GPS 干扰机

俄罗斯对干扰 GPS 信号给予了特别的关注，一个主要原因是防止过去几年里叙利亚的反对派武装力量对俄罗斯部队进行的无人机群攻击。GPS 电子欺骗是俄罗斯部队最常使用的一种方法，它主要通过为敌方飞机或 GPS 制导导弹制造虚假的定位信息来实现。通过虚假的 GPS 信号以和美国 GPS 卫星相同频率的信号进行广播，阻止接收机锁定真正的 GPS 信号。一旦俄罗斯的虚假 GPS 信号代替真正的 GPS 信号被接收机锁定，电子战系统就开始传输虚假的定位、导航和授时（PNT）数据，生成虚假的位置信息，从而导致敌方飞机或导弹错过其预定目标。

2018 年 1 月 6 日，驻叙利亚俄军防空系统发现 13 架小型无人机逼近，利用电子战系统成功控制 6 架无人机，其中 3 架降落在基地外，3 架坠毁。2019 年 7 月，俄罗斯电子战系统令美军的 F-22、F-35 隐身战斗机的 GPS 导航全部显示错误，导致美军隐身战斗机不敢从叙利亚方向越境空袭伊朗。

2018 年 11 月，俄罗斯在北约"三叉戟接点"联合军演中干扰了挪威"海尔格·英斯塔"号主力舰的 GPS 系统信号，致使其与油轮发生冲撞，严重进水。2019 年 6 月，以色列指责俄罗斯 GPS 干扰机对其全境进行干扰，超过 200 架民航飞机 GPS 出现严重问题，被迫切换到备用罗盘系统。以色列空军在叙利亚附近飞行时经常发现 GPS 系统显示错误，定期遇到故障。

随着科技信息相关技术的发展，导航战技术的趋势如下：

● 攻防兼顾，在有效遏制敌方导航服务的同时也要有效保障自身的导航信息，从而更加有效地提供战场时空信息支援；

● 卫星导航系统应对未来复杂电磁环境的能力不断增强，导航战能力日益提升；

● 紧密融合信息作战支援战术，合理使用各种干扰和防护资源，在有效遏制敌方的同时保障己方的正常运转；

● 智能化。进一步发展自主卫星导航系统，实现自主可控，赢得导航战主动权。

● 体系化。研发对抗环境下的导航定位、Micro-PNT 技术、组合导航技术、多现象导航技术、低地球轨道（LEO）通信卫星增强或备份导航技术等，积极构建综合 PNT 体系。

现在及以后，人们的生活和军事作战越来越离不开"眼睛"——导航。导航战是针对卫星导航提出来的，但是它对现代战争的影响却不仅仅局限于卫星导航，而是针对所有导航手段与方式开展和进行的。"制导航权"的成功与否将直接影响现代战争的进程。

临近空间的"明灯"
——浮空器

临近空间（Near Space）一般指距海平面上 19.8~100 千米的空间区域，介于空中（各种空中飞机和有些导弹能够到达的空域）和太空（卫星所在空域）之间，因此也被称为"空天过渡区"。近年来，随着科技的发展，临近空间由于具有可对航空航天资源的不足进行互补的作用，引起了国内外相关领域专家的高度关注。世界各军事强国争相开展"制临近空间权"的角逐。抢先进入临近空间、控制临近空间和利用临近空间，已成为当前世界各国国家安全和军事发展战略的重要内容。目前来看，利用临近空间资源的关键是研制临近空间浮空器。

浮空器

空间攻击

浮空器到底是什么东西？浮空器的优势是什么？作用都有哪些？为什么各国都在关注浮空器的发展呢？

顾名思义，浮空器是一种以系留气球和飞艇为平台、其上装备各型有效载荷从而执行相应任务的空间装备。具有覆盖面积大、滞空时间长、能耗小、载荷能力大、噪声低、生存能力强、预警功能强、侦察视野广、效费比高等优势，可在应急救援、通信中继、空中监测、地理测绘、遥感、导航等多个军民领域得到广泛应用，同时也具备强大的反卫星潜力。

浮空器堪称临近空间的"明灯"，未来可能在空间对抗中起着重要的作用。

浮空器主要依靠静浮力实现升空和维持漂浮状态，根据工作原理，可分为飞艇和气球两大类，其中对流层飞艇和系留气球应用较为广泛。目前飞艇或系留气球都使用安全性更好的氦气，氦气是惰性气体，不会像氢气那样易燃易爆，并且可以回收循环使用，具备绿色环保的优点。

飞艇

飞艇是一种装有动力装置的流线型气球，可自行控制飞行方向，又被称作"可控气球"。按控制方式分为遥控飞艇、载人飞艇和平流层飞艇。

平流层飞艇主要利用距地面20千米高度平流层附近大气稳定、风速较小的有利条件，依靠浮力升空，采用太阳能电池与储能电池组成能源系统，驱动动力系统抗风，或通过高度调节等方式利用环境风场实现区域长期驻留和可控飞行。作为一种通用型平台，平流层飞艇可以通过选择搭载不同用途的任务载荷，执行不同的任务，并在多个应用领域发挥重要作用。

飞艇

实现平流层飞艇工程目前主要面临四大难题：安全进入、长期驻空、可控飞行、安全返回。安全进入是开展应用的前提，长期驻空和可控飞行是工程应用的核心要求，安全返回是重复应用的基础。

系留气球

系留气球系统是一种无推进装置的浮空器，由空中部分（包括囊体结构、任务载荷）、地面部分（包括收放线器、充气装置、锚泊装置、地面电源）及中间连接部分（包括系缆、数据传输缆）三大部分组成。可将气球通过系缆系留到地面，不需要推进系统，能源需求很低。

系留气球面临的挑战问题主要有：①气球体积巨大，飘浮在大气稀薄的平流层，系缆长度是常规系留气球的几倍到几十倍，自身重量大，同时由于系缆跨度风场范围大，受力复杂，水平风阻积分效果明显，系缆强度是当前制约系留气球试验研究的瓶颈问题。②升空过程中气球在系缆牵引作用下上升并穿过疾风区，球体和系缆风险高，动态分析过程复杂。③系留气球是一个复杂的系统工程，需要成熟的设计和分析方法。

主要军事用途

浮空器可完成传统航天器和航空器不能完成的作战任务，弥补了临近空间区域作战应用的空白，其主要应用如下：

（1）用作侦察监视平台。不仅可用于战场态势感知，还可用于海洋监视、气象监测、打击效果评估、灾情监测、空中预警等。与航空平台和卫星配合使用，可以实现平时和战时任务区域的全方位、全时段的综合侦察监视。

（2）用作通信中继平台。覆盖范围大、时延小、发射功率低、传播损耗特性好（比同步轨道衰减少65分贝），建设周期短、易于升级，通信不受地形的限制，可以全天候连续工作。

（3）用作电子对抗平台。可以在目标上空长期驻留，干扰敌方地面和海上的警戒、搜索引导、目标指示雷达，减少敌雷达发现目标和预警的时间，为作战飞机、导弹等提供长时间的电子支援干扰，从而提高这些作战武器的突防能力、作战效能和生存概率；还可以发射高强度的卫星导航干扰信号以降低敌方的作战效能；同时，也可以发射增强的卫星导航信号。

（4）用作空间武器平台。作为武器平台时，具有机动速度快、覆盖范围大、高空作战不受气候条件限制等特点，可以使用常规弹药、高能微波武器、高能激光武器等对敌方高价值目标进行快速、精确打击。目前临近空间飞行器的研究主要考虑将其作为对地攻击的平台，但是由于它所处的位置比传统的天空更接近太空，因此完全可以胜任作为反卫星等航天器的攻击武器平台，通过高能激光、反卫星导弹等装备来干扰或打击空间目标。

临近空间浮空器能够把地、海、空与天连接起来，通过军事应用开发，弥补目前航空与航天领域的不足，有效提升战场侦察监视、区域预警、通信中继、目标侦察定位、打击效果评估、情报传输与分发、电子对抗、导航定位、战场环境保障等能力，使各类信息相互融合，增强整体的作战效能，把空天一体化作战推向更高的层次，真正实现空天一体、无缝隙集成。

发展现状

近年来，已有多个国家正在大力开展各类浮空器的研究与开发。

1. 飞艇

飞艇方面，主要研究国家有美国、俄罗斯、英国和日本等。美国已将平流层飞艇列入无人飞行器系统的范畴，作为美国联合作战的重要组成部分。2003年，美国空军空间作战实验室和空间作战中心启动了"近太空机动飞艇"（NSMV）项目，计划用以完成高空侦察、勘测任务，以及用作战场高空通信中继站，"攀登者"（Ascender）是NSMV研制的原型机。之后，美国国防部启动大型高空飞艇（HAA）项目，使其长时间停留在美国大陆边缘地区的高空中，不间断地监视可能飞向北美大陆的弹道导弹、巡航导弹等目标以及监视敌方部队的动向。2003年，美国陆军在伊拉克部署了快速初始部署浮空器监视系统，为美军部队在地形复杂的地区顺利行动提供了强有力的情报支持。2010年，美国西南研究所研制的HiSentiel-80飞艇在亚利桑那试飞成功，可在20千米的高空驻留超过30天。2011年，美陆军高空长航时演示器（HALE-D）大型遥控飞行首飞失败。2013年，"雷鸟Ⅱ"军事飞艇原型机试飞。2022年，美国打算制定新一轮的飞艇计划，在飞艇项目上耗资约 380 万美元，2023 财年计划投入 2710 万美元，将飞艇部署在离地面约 20 千米的高空，用来监视俄罗斯的高超声速武器。

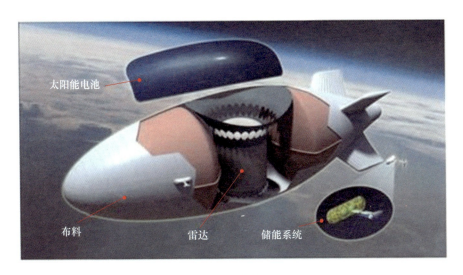

浮空器结构图

俄罗斯飞艇的典型代表是"多用途高空飞艇平台"、"金雕"系列飞艇等。其中"金雕"飞艇载荷达 1.2 吨，飞行高位为 20 千米。

英国"SkyCat"计划中包括了 SkyCat-20 型、SkyCat-200 型和 SkyCat-1000 型三种飞艇，其中 SkyCat-1000 型有效载荷可达 10 吨，飞行高度为 20 千米。

2. 系留气球

系留气球方面，各国对临近空间气球的研究较早，技术相对较成熟。美国是研制系留气球最多的国家，固定式系留气球成功应用于系留气球雷达监视网（TRAS）和系留艇载预警系统（JLENS）。俄罗斯的系留气球主要有"美洲狮"和"美洲豹"等系列，其中"美洲狮"系留气球用以完成空中监视等任务，其工作高度达 5 千米，滞空时间 25 天，有效载荷 2000 千克；"美洲豹"系留气球工作高度 4 千米，滞空时间 30 天，有效载荷 1700 千克。另外，澳大利亚也研制了

FIREFLY 系留气球等系列产品。

发展趋势

从发展总体水平上看，浮空器和气球类装备的研制仍处于关键技术攻关与演示验证阶段。但其独特的特点和军事用途潜力深得各国军事部门的关注，不久的将来，随着浮空器平台的服役，未来的现代化战场电磁环境将更加复杂，防御问题将更加突出。

空间攻击

针对卫星的"幕后黑手"
——网电攻击

网电攻击是指将电子战与网络战两种手段有机融合、综合运用,为瘫痪、控制或破坏敌方网络化信息系统并保证己方网络化信息系统正常运行而采取的一系列作战行动,其目的是夺取战场制信息权。2019年,美国"世界安全基金会"发布《全球空间对抗能力评估报告》,明确将网电攻击列为太空战的一种重要手段。

从某种角度来说,网电攻击的威力不亚于核武器。它针对卫星系统的固有软硬件安全漏洞,利用计算机网络的开放性、便捷性和即时性等特点对卫星实施网电攻防,迅速将高价值的太空资产变成一堆垃圾。网电攻击战时是配合陆、海、空、天各个领域作战的重要手段,在平时也可独立实施并随时发动。

在轨运行的卫星

网电攻击的特点

与传统作战样式相比，网电攻击的最大特点就是"界限模糊"，体现在以下几个方面：

（1）作战疆域界限模糊，贯穿于陆、海、空、天、网电空间等领域。

（2）进攻防守等战役战术界限模糊。没有进攻和防守之分，攻防界限难以划分。网电攻击的战略性、战役性和战术性信息在集成化网电环境中有序流动。

（3）实力界限模糊。虽然和国家整体网电技术实力相关，但其更直接受到人员技术素质的影响，如个别的技术天才、超级黑客等，能够带给一个国家不同的网电空间战结果。

网电空间既是对抗双方的效能"放大器"，同时也是其"软肋"。"制网电权"是攻防双方通过对网电空间优势的争夺，从而夺取的"非对称优势"。从某种意义上说，"制网电权"已经成为信息化攻防对抗夺取"制天权""制空权"的前提和条件，成为信息化战争的制高点。

到目前为止，根据卫星的运行特点，卫星最易受到网电攻击的几个关键环节分别是：卫星本身、卫星链路、支撑天基资产的地面基础设施（如地面站、终端等）。

卫星最易遭受网电攻击的几个环节

空间攻击

（1）直接攻击卫星本身。利用卫星攻击卫星，即由一颗卫星对另一颗卫星发起攻击，目前虽然还没有公开的资料记录，但此类攻击的技术可行性已被研究，预计对卫星的直接攻击将在未来十年成为一种威胁。这些攻击将以目标卫星近距离或视线范围内的传感器和子系统为目标。因此，进攻性卫星将需要特殊用途的传感器和执行器，而这些传感器和执行器通常不会安装在卫星上。这些执行器需要通过地面站（可能驻留在云上）或使用星载决策算法来控制。

（2）攻击卫星链路。利用卫星链接为黑客攻击目标提供便利。通过这种技术可能会劫持基于卫星的合法互联网用户的 IP 地址，使黑客得以进入私人网络，并隐藏其命令服务器的位置。

（3）攻击地面站。通过获得目标卫星指控和数据分发网络的详细信息，就可对支持太空运行的地面站和基础设施发起网电攻击，从而危及卫星服务。简单说就是黑进敌方的航天地面测控系统，进入中央计算机，接管指令，关闭卫星上的设备，打开姿态控制火箭，从而控制卫星。在许多情况下，这些攻击与针对其他类型计算机设备的网络攻击非常相似，重点是利用设备中的硬件或软件漏洞。这方面的例子包括修改民用 GPS 信号的数据内容和重新广播这些信号的技术。当商业 GPS 接收器试图解码这些恶意 GPS 信号时，它们可能会反复崩溃，这实际上是遭到了拒绝服务攻击。

（4）入侵用户终端，发起故障注入攻击，导致系统暂时短路以绕开卫星的安全保护机制，用欺骗的方式让系统误以为启动过程正确，从而夺取控制权。

一旦卫星遭受网电攻击，可能会导致：阻断卫星执行任务，造成任务和服务中断；改变卫星轨道，从而破坏，甚至永久性地摧毁卫星。

实战运用

此类的典型作战或行动示例不少。

1998年，俄罗斯通过卫星地面站攻击了美国和德国的ROSAT卫星，烧毁了卫星的光学系统，使之失效，所获得的数据被发送到了俄罗斯。2007年和2008年，美国地球观测卫星Landsat 7受到干扰，据说是卫星的指挥控制链路受到了直接攻击。2014年，美国天气预报卫星服务受到网络攻击，致使公众无法访问用于天气预报的卫星网络图像数据。2017年，美国至少有20艘船舶因GPS系统受到欺骗而远离目的地。

2022年，在俄乌冲突中，乌克兰境内的ViaSat和星链互联网服务遭受了网电攻击，致使乌克兰的互联网中断，数百个星链终端关闭。

未来发展

随着网络技术的飞速发展，对卫星进行网电攻击，从而实现"以网破天"的技术难度也在不断降低。太空网电攻击未来将：①采取常态化太空目标监视，以期做到"知己知彼"，随时切入战场。②适度运用网电攻击手段，以防止敌方增强卫星网电防御经验。

当前各国都在高度重视卫星的网络安全。自特朗普上台后，美国对卫星安全的重视异乎寻常，从颁布重大战略条令、调整组织机构、构建作战力量，到加强态势感知、研发装备技术、探索作战演习等各方面强力推进太空实战化发展，做好天基系统应对网络威胁和攻击的准备。美国国防部高级研究计划局正在探索卫星技术架构各个方面的网络安全创新，谋求卫星网络安全技术快速发展。未来，卫星网络安全的发展趋势包括：①不断增强威胁告警和溯源能力。②主动防护和被动防护协同发展。③大力发展网络安全防御能力。

空间攻击

"星群"
——小卫星编队协同

过去十年中，在轨小型卫星数量迅速增加，这对通信、成像、侦察、监视、卫星攻击等具有重要意义，有着广泛的军事应用前景。目前，最著名的已经用于民用、商业和实战的当属美国太空探索技术公司（SpaceX）的"星链"计划。该"星链"曾差点撞到中国空间站，且在2022年的俄乌冲突中发挥了重要的作用。那么，"星链"卫星到底是个啥？有什么令人刮目相看的能耐？

"星链"是个啥？

"星链（Starlink）"卫星互联网星座计划由SpaceX公司于2014年提出。SpaceX计划建设一个由近1.2万颗卫星（未来还可能再发射约3万颗卫星）组成的卫星群，由分布在1150千米高度的低轨星座和分布在340千米左右的甚低轨星座构成，来取代地面上的传统通信设备，让全世界的每个角落，都能够接受到非常稳定的互联网服务。低轨星座选择了Ku/Ka频段，有利于更好地实现覆盖；甚低轨星座使用V频段，可以实现信号的增强和更有针对性的服务。

2019年，SpaceX发射了首批60颗"星链"卫星。近年来，"星链"计划发展迅速，截至2023年6月22日，已经发射了4642颗卫星，已失效或已脱离轨道的卫星为300余颗。

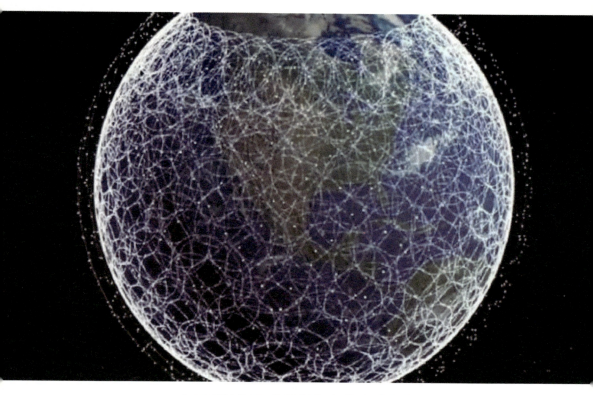

上万颗低轨卫星密密分布在地球上空

不过人类只有一个地球,而地球的各种轨道资源是有限的,"星链"卫星数量如此庞大,真正做到了"方便了自己,麻烦了别人",确实有些"不讲武德",而过于密集的"星链"轨道也暴露出了整个"星链"计划方案的缺陷——爱"撞"。

太空中的"碰碰车"

2021年5月16日至6月24日期间,自2020年4月19日起稳定运行在平均高度约555千米轨道的上美国"星链–1095"卫星(失效卫星)出现了"意外"情况,变轨机动至平均轨道高度382千米,接近了中国空间站,并保持在该轨道高度运行,使两者差点发生相撞。

空间攻击

2021年10月21日,美国"星链-2305"卫星与中国空间站发生近距离接近事件。为了应对美卫星接近中国空间站,中国也采取了紧急措施,实施"紧急避碰",才避开了这个风险。

星链星座对地球进行大范围覆盖

"星链"卫星"出轨"事件并非只有上述这两次。2019年6月,美国太空探索技术公司曾表示计划让3颗"星链"卫星脱离轨道,目的是"测试航天器的推进系统"。2019年9月,欧洲航天局发文指出"星链-44"卫星"主动"脱离轨道,变轨到320千米高的轨道上,险些撞上"风神"气象卫星,后来还是"风神"提高了飞行高度,越过了

"星链-44",才安全避险。2021年4月,"星链"卫星又险些与英国的OneWeb卫星相撞。

2021年8月,英国太空碎片专家Hugh Lewis指出用SOCRATES(用于评估有威胁的太空接触事件的卫星轨道相合汇报)数据库对近距离接触事件进行了统计。自从2019年开始,卫星之间的近距离接触事件(距离在1千米以内)大多都是由"星链"卫星造成的。英国研究团队曾警告:"SpaceX公司的"星链"卫星每周都会涉及约1600起航天器接近事件;其中至少有500次都是"星链"卫星接近其他国家航天器。"2021年5月之后,"星链"卫星造成的近距离接触事件已经超过了总数的一半。

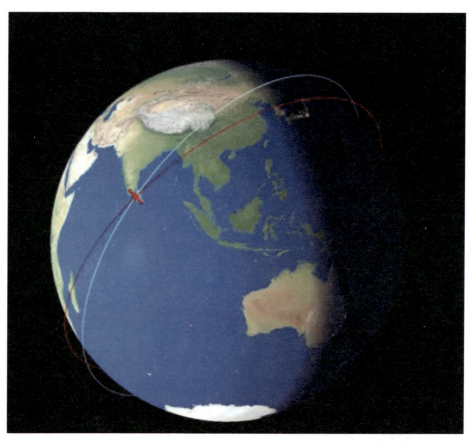

2021年10月21日"星链-2305"卫星降轨接近中国空间站

空间攻击

"太空路由器"

星链系统是"天基互联网"的代表,是迄今为止提出的规模最大的星座项目,旨在利用小卫星,将卫星作为网络传输节点,以提供廉价、快速的宽带互联网服务;该架构通过星间链路建立高速宽带通信网络,用户可直接接入卫星互联网络,不需经过地面系统。如今的通信系统依然存在很多无法接入互联网的地方,比如诸多海洋、沙漠、森林,抑或是偏远山区。"星链"计划一旦成功,这些地方全部都能被辐射到,算是真正实现了让全世界都没有"不网之地"。在"星链"计划中,卫星速率在1~23吉比特/秒,这个"太空版路由器"一旦建成,将是人类通信史上的一次巨大跨越。

太空战武器?

作为大规模低轨卫星,"星链"星座具有效率高、速度快和延时短的特点,如果能运用到军事上,那么将会大大提高很多军事武器的抗干扰能力和反劫持能力。2020年5月,美军与太空探索技术公司签订了协议,未来三年内都会使用"星链"计划的服务,致使大家纷纷脑洞大开,认为"星链"计划的背后其实是美国军方,目的是抢占太空资源。

我们认为,"星链"计划确实存在被转换成军事用途的可能,作为通信系统,它可被用作"天眼"进行监听和控制等,到时候很有可能监视潜在对手的无人战斗坦克、无人飞机、洲际弹道导弹、卫星等,夺取制天权和制信息权。因而,"星链"完全可能成为一种太空战武器。在计算机模拟演习中,完全部署后的"星链"星座能够成功单次在轨拦截多达350枚的洲际弹道导弹。

"星链"的部署会对其他国家的航天器造成威胁,严重影响太空安全。其背后是美国抢占太空霸权的企图,是美方的一场"太空圈地"运动,值得警惕。

太空战： 战略制高点之争

卫星，太空战武器？

在未来，数以千计的新卫星将被发射到近地轨道，其中包括大量 SpaceX 和 OneWeb 公司的互联网星座的小型卫星，这使得航天器间危险接近的风险增加。这些航天器的任何一次碰撞都可能引发其他碰撞，从而产生连锁效应。

我们头上的太空已经变得越来越拥挤和危险，未来各国在外太空的利益之争也会越来越白热化。各种在太空"擦枪走火"的新闻也会越来越频繁地报道于世。

空间防护

随着航天科技的迅速发展，各国在太空领域中的空间资产越来越多，由于太空的特性，为了争夺空间优势，未来战争必然会从陆地、海洋、高空延伸到太空。俗话说"有矛就有盾"，随着空间攻击装备和手段的出现，空间防护概念也相应提出。

卫星正在轨执行任务

空间防护

实际上，美苏自1957年相继发射人造地球卫星以来，双方就开始考虑空间防护问题。1982年，美国成立空间防御司令部，苏联也有相应的机构承担空间防御任务。1983年，美国提出"战略防御倡议"计划（即我们所知的"星球大战"计划），也是空间防护的一部分。

空间防护可分为主动防护和被动防护。从某种角度来看，空间攻击手段也兼顾主动防护能力。主动防护手段主要有：以空间为地的卫星、空天飞机、空间站上装备的攻击武器以及地基导弹、激光武器、重要卫星具备轨道机动能力等。美国正在谋求利用"结构分离、功能分离、有效载荷搭载、多轨道部署、多作战域部署"的方式，实现弹性与分散式太空系统体系结构，提高系统的可靠性、抗毁性和弹性。被动防护手段包括星载告警、自身加固等。

如何加固卫星免受攻击？

"太空保安"
——星载告警

卫星在太空飞行,执行相应任务,具有轨道确定、暴露时间长、自主躲避能力差的特点。地面侦察或导弹预警等卫星上的光电探测设备最容易受到有意/无意攻击,从而导致卫星功能部分或全部受限或缺失。为了不影响卫星的服务功能,需要对其采取相应措施进行有效防护。"先期预警、主动躲避"的防护策略备受关注。

星载告警是空间防护的重中之重,"星载告警",顾名思义,就是利用卫星上的相应设备对攻击卫星的威胁及时发出告警,避免卫星受到损害的过程。

星载告警的作用是:当卫星受到攻击时及时给出告警信号,使得卫星防护系统有足够的时间采取必要的防护与对抗措施,保护卫星免受破坏;同时将卫星受到威胁的信息传送到地面接收站,判断威胁程度及威胁来源,以采取必要的军事或外交手段与其对抗。告警方式目前主要以星载红外告警、星载激光告警为主。星载告警系统指的是安装在卫星上的、旨在探测可以对星上光电设备构成威胁的目标且发出告警信号的系统。从星载要求讲,星载告警系统并非星上的主要有效载荷,而是保护有效载荷的"保安",处于从属和服务的地位。

星载告警		离星告警	
搭接载荷（独立）	集成载荷	微型悬浮卫星	微型卫星星座
特点： · 全自主/独立 · 与卫星用户的通信链路分离 优点： · 不会干扰卫星运行 · 增加及时性 缺点： · 重量和体积要求增加 · 会增加通信复杂度	特点： · 传感器和处理器与卫星集成在一起 · 卫星受威胁与攻击告警数据包含任务或遥测数据流 优点： · 对宿星要求低 · 协助操作人员处理卫星分辨率等异常问题 缺点： · 宿星必须满足体积、重量、功率和通信要求 · 增加训练和地面操作	特点： · 微型卫星分离 · 灵活分派宿星，特别是已经在轨的宿星 优点： · 与宿星操作人员不接触 · 一对一覆盖 · 可重新分派给其他在轨资产 缺点： · 由于距离近可能会相互干扰 · 需采购卫星，具备发射能力	特点： · 像"警戒栅栏"，防止射频和激光威胁 · 优化预先确定的星座，覆盖诸多关键卫星 优点： · 与宿星操作人员不接触 · 优化低轨星座保护高价值卫星 缺点： · 要求大型星座，特别对于监测激光威胁 · 需采购卫星，具备发射能力

卫星受威胁与攻击的几种告警方式

星载红外告警

星载红外告警系统既可作为空间情报支援系统，从太空探测战略目标，如战略飞机和巡航导弹等，也可以作为卫星自身防卫设备。与激光告警相比，红外告警的技术实现难度更大，但作用与意义也更为显著。

星载红外告警系统需要在很大的搜索范围内探测很远距离的目标，故其通常采用大的光学镜头（直径约为1米）和大的焦平面阵列（几十万阵元）。

探测器件的发展经历了从单一波段向多波段/多光谱、从少探测元线列扫描向多探测元线列扫描和大面阵/大视场凝视的发展过程。红外告警系统通常采用扫描体制，大规模多元面阵探测器技术的发展推动了凝视型告警技术体制的发展，更好地提高了探测器的灵敏度和对运动目标的探测能力。

典型的红外告警平台代表如美国的"国防支援计划"(DSP)卫星、"天基红外预警系统"(SBIRS)卫星以及下一代过顶持续红外(OPIR)预警卫星。

星载激光告警

为能实现对卫星的有效保护,理想的星载激光探测系统应该不但能探测到来自天基、机载以及地基等所有方向、所有波长、各种能量等级的激光,还要能探测到激光的类型(连续波或脉冲)和攻击意图(测距、瞄准或攻击);方位精度应尽可能精确定位威胁的来源,以便确定敌方的位置与身份;技术指标上保证探测率高、虚警率低、响应时间短;占据尽可能少的体积、质量和功耗。其一般安装在400~1000千米的低轨道侦察卫星上。

激光告警系统的反应时间为毫秒量级。激光反卫武器的照射时间一般在1~100秒,而对星载光电传感器致盲需照射1~10秒,对卫星上的太阳能电池板等造成永久性损伤需照射几百秒,因此,告警反应时间能满足激光防护系统的要求。

星载告警技术的发展

空间态势感知是空间攻击和防御电子对抗的重要发展领域,星载告警装备的研制是重中之重。1999年,美国空军司令部发起"卫星受威胁与攻击告警(STW/AR)"系统研究,利用星载传感器来检测对卫星有威胁的激光干扰,并将截获的干扰特征向卫星地面站发出告警,使工作人员做出相应对策。2007年,美国空军航天与导弹系统中心启动"自感知太空态势感知(SASSA)"计划,研发"感知并确定"激光攻击技术,使卫星具有自感知能力。2012年,美国空军太空司令部宣布已部署防御型空间对抗系统——"快速攻击识别探测报告系统"（Raidrs），通过警告工作人员注意 C、Ku、X 和 UHF 波段的信号异常来保护卫星通信链。

星载告警技术的发展趋势

星载告警技术的发展趋势主要有：①多种工作模式相结合，如对雷达侦察、微波干扰、高功率微波损伤、激光摧毁等的告警。②设备微小型化。③提高目标定位精度、减少虚警误报。④干扰源定位技术和抗干扰技术相结合的一体化技术等。

卫星的"隐身侍卫"
——隐身防护

随着太空技术和太空战理论的发展,以卫星为主的太空力量在为地面提供各种信息的同时,也经受着遭到攻击的危险。为争夺空间优势,很多国家纷纷发展各自的反卫星武器。卫星面临着各种攻击的可能,因此提高卫星生存能力的卫星防护技术的发展和研究备受关注。

太空中的卫星

根据提高卫星生存能力的途径,卫星防护一般采取"三道防线":"隐身侍卫"(即隐身防护),不被发现免受攻击;"软猬甲"(即攻击防护),在受攻击时进行反制;"空间盾牌"(即加固防护),在攻击后不易被摧毁。下面我们讲讲第一道防线:"隐身侍卫"——隐身防护。

隐身防护是保护卫星的第一道防线,就是要使在轨卫星不容易被敌方探测到。按采取的措施分类,隐身防护可分为电磁隐身、轨道隐

空间防护

身和外形隐身三种。根据目标可探测特征的分类，隐身防护主要分为雷达隐身、红外隐身、射频隐身和可见光隐身等。

电磁隐身

所谓电磁隐身，就是利用星上电磁信号使敌方无法探测到卫星。主要有三种方式：

（1）卫星在轨运行时尽可能不发射或少发射无线电信号。卫星只在经过本国领土上空时才打开发射机发送信号与地面联系，出境时即关闭发射机。这种方式的缺点是会降低卫星的工作效率和可靠性，同时不利于地面对其进行精确跟踪和测控。但是，随着自主导航技术的发展，卫星将具有自主导航能力，就不需要向地面发送信号，从而可以摆脱对地面的依赖。

（2）利用"天线调零技术"，使卫星天线波束的指向可变。这种方式下，卫星无须停止发送无线电信号，而只需要通过调整天线方向，使在可能被敌方接收或干扰的方向上，射频电平等于或接近于零，这样就可以不被对手发现了。目前自适应调零天线技术的研究已经比较成熟，产品也已经投入使用。

（3）采用电磁防护材料，保证卫星在太空运行中防止外界电磁信号的干扰，为卫星穿上"防弹衣"。

轨道隐身

轨道隐身指的是卫星采用变轨技术手段，降低被敌方火力识别、跟踪探测的概率。简单地说就是将卫星平时"埋伏"在离地面高达10万千米的轨道上，需要时进行变轨，降低高度进入地球静止轨道，工作完毕后，它又回到高轨道上"埋伏"隐身。这种隐身方式需要消耗大量推进剂，会显著缩短卫星的工作寿命。

用于侦察和监视陆地、海洋等的对地观测卫星，需在近地轨道上工作效果才好，所以高轨道隐身方式对它们显然不适用。

外形隐身

外形隐身是一种相对而言比较有效的隐身手段，通过改变卫星的外形特征，防止被敌方探测系统探测到，从而达到隐身的目标。

外形隐身包含多种途径：①构型隐身，优化总体布局，减少强散射源，降低被探测的概率；②材料隐身，涂敷吸波材料或者利用电磁超材料，分为吸收型、转换型或者反射型；③采取屏蔽措施，如遮挡强散射部件等。

合理的构型布局与设计是实现隐身效果的首要条件，比如可以采取多棱面和融合外形技术，避免出现较大平面与凸状弯曲面等。

像目前已投入实用的隐身飞机（如 B-2 轰炸机）以及即将投入生产的 B-21 轰炸机那样，卫星表面也可以使用吸波材料，或在表面覆盖电磁波吸收型或电磁波干扰型涂料，这样就能够吸收、耗散或抵消对方发射到卫星的电磁波。在这种情况下，即使卫星被对方发射的无线电脉冲扫到，因无反射信号，对方也发现不了。但是，隐身设计也存在技术难题，因为卫星表面需要留出一定的散热面和装设必要的天线、仪器探头或太阳能电池阵等，这些部位不能被吸波材料覆盖，这就需要在卫星的结构、热控、电源等分系统的设计上有新的"招数"。

据称，美国从 20 世纪 90 年代就开始开发卫星隐身技术。美国的朦胧（Misty）卫星是公开报道的在轨隐身卫星，发展了三代，它可以通过锥形充气罩的外壁折射作用，大大降低雷达回波信号，是一种典型的外形隐身技术。

2019 年，俄罗斯宣布发明了一项卫星隐身技术，用一种独特的气泡膜覆盖卫星，使卫星的能见度降低 10 倍以上，该技术用于保护军用卫星在轨机动时不被发现。俄罗斯对卫星变轨技术的研究很成功，不过其目的是攻击。

俄罗斯还开发出一种卫星隐身材料，能把雷达信号的反射水平降低80%以上，致使地面站可能会误认为是空中碎片；研究对卫星天线的不同部分采用"离散覆盖"，从而误导敌方；研究既能隐身又不影响卫星向地面传输信息的隐身超材料。

卫星隐身技术是空间攻防的一个非常重要的技术手段，正在不断发展进步之中。开展卫星隐身技术研究具有非常重要的意义。

由于卫星一般要长期在轨道上运行，无论采取哪一种自我隐身方式，都只能"一时"不被发现，不可能"永久隐身"。所以自我隐身方式只在战争或危机爆发的短时间内比较有效，时间一长或在和平时期，卫星迟早会暴露的。因此，卫星应具有第二道防线——攻击防护。

太空中的"软猬甲"
——卫星攻击防护

攻击防护是保护卫星的"第二道防线",是重要的卫星攻击防护手段之一。

攻击防护,顾名思义,指的是当卫星一旦被敌方发现并跟踪时,要设法使敌人无法或难以实施攻击。

攻击防护技术主要有以下几种。

机动变轨

卫星运行的轨道相对固定,易于被对方的空间目标监视系统捕获、定位和跟踪。如果卫星具有机动变轨的能力,利用机动变轨技术不定期地改变运行轨道,最好能改变轨道倾角,可以有效降低被对方空间目标监视系统捕获、定位和跟踪的概率,从而躲避对方动能武器的攻击,保障卫星的正常工作。这种变轨机动技术要以牺牲工作寿命为代价,必定要消耗大量推进剂,同时要暂时放弃正在执行的任务。美国的"锁眼"-12光学侦察卫星、"长曲棍球"合成孔径雷达成像侦察卫星、国防支援计划(DSP)预警卫星和GPS导航卫星以及俄罗斯的宇宙系列"间谍"卫星等都具有一定或者极强的轨道机动能力。

机动变轨示意图

隐真示假

孙子曰:"善守者,藏于九地之下"。对卫星进行隐身伪装,尽量削弱、隐蔽卫星的可见光、红外及雷达波的暴露特征,可以降低卫星被探测概率,增强抗毁能力。等离子体隐身技术是近年来发展起来的新型隐身技术,是通过在被保护目标表面形成一层等离子体云,使达到被保护目标的能量变小的目的,从而实施防护。

美国正在大力进行天基无源干扰烟幕的技术研究。有资料显示,美国将大气层下的抗红外烟幕剂中的固体粉末发烟剂用于太空中对抗红外探测器的侦察,分别进行微重力条件下金属粉末材料的红外消光特性和动力学特性研究。

星载假目标是可以造成反卫星武器攻击偏离真实卫星的一种低成本的有效办法。通过施放若干假卫星或者干扰卫星,与真卫星一起在轨道上运行,干扰敌方相关侦察设备,使其真假难辨,无所适从,从而使敌方的反卫星武器性能降低或功能失效。假卫星可采用喷涂金属的薄膜制成,其外形、尺寸和重量应尽可能与真卫星相近。这种方法是从弹道导弹的弹头突防技术移植过来的。美国非常重视天基假目标技术,认为该技术成本低廉、实施简单且相对成熟,并投入巨资研制能模拟卫星雷达和光学特征的通用型、系列化的各种假目标。

随着电子侦察技术的发展,隐真示假技术正在由传统被动型外形模拟向主动型多光谱特征模拟方向转型,未来假目标技术将更注重多光谱模拟、结构轻便、快速设置、机动灵活等特性。假卫星诱饵的进一步发展，造成了近年来的热门研究对象——卫星群。这样卫星便由被动式的"不易受攻击"，发展为主动式的多卫星同时工作，从而达到"不易被摧毁"的目的。

卫星抗干扰

在任务执行当中，卫星会面临各种各样的、有意/无意的无线电干扰。卫星常用的抗干扰措施主要包括天线抗干扰、扩频抗干扰、星上处理和扩展频段等技术。天线抗干扰技术主要包括自适应调零和多波束天线技术，前者能有效抑制小于阵元数的多源干扰，后者能够根据其所处的信号环境灵活地形成所需要的波束，使得卫星信号不容易被敌方截获。扩频抗干扰技术可以通过特殊信号编码增加处理增益的方法有效防止敌方进行跟踪式干扰，提高系统的抗干扰处理增益以及信噪比。星上处理技术可以使上、下行链路之间去耦，是避免卫星通信遭受"侦收下行、干扰上行"这一常见干扰手段的有效方法。美国的先进通信技术卫星、国防通信卫星 –3、军事星和铱卫星等都采用了卫星抗干扰技术。混合抗干扰技术体制可以对抗多种形式的干扰信号，是抗干扰通信体制发展的一个趋势。由于光通信与电波之间不存在干扰，因此，光通信技术正在大力研究之中。

加装防护板"保护罩"

在距航天器舱体外表面一定距离上布置一张缓冲板，弹丸超高速撞击缓冲板后，在靶板和弹丸间形成很强的冲击波，在冲击波作用下，碎片和缓冲板发生破碎、熔化甚至气化现象，并在缓冲板后面形成一片碎片云，碎片尺寸和飞行速度明显变小，在缓冲板与航天器之间进一步扩散，当碎片抵达航天器表面时，通常可仅形成一片轻损伤区域。目前已经发展出填充式防护结构、蜂窝夹层板防护结构、铝网双屏防护结构、泡沫铝防护结构和多层板防护屏结构等不同类型。

空间操控

目前，国外正在大力发展在轨服务与维护和空间碎片主动移除技术，此类技术可以直接转变为对当前在轨正常工作航天器的主动操控手段。空间操控手段包括基于空间机械臂的抓捕、飞网捕获、飞爪捕获、绳系机器人、寄生黏附等。

在轨修复是指利用航天器在卫星轨道上对发生故障的卫星进行修复，使其恢复正常工作。战时一旦重要卫星系统遭到攻击受损，在轨修复技术是快速恢复空间系统效能的首选方案。

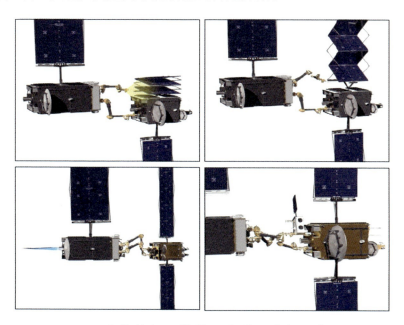

RSGS在轨检视、修复、重置、升级示意图

美国正在大力发展服务在轨卫星的自动服务卫星，2007年升空的"轨道快车"和目前在研的地球同步轨道机器人服务（RSGS）都是典型的代表。

攻击防护的这些方法,无论是机动规避,还是施放诱饵等,在采取行动之前,首先需要感知和察觉卫星已受到敌方反卫星武器的跟踪和监视。因此,为了实施这两种方法,卫星上应携带能探测、发现和识别的特种敏感器或雷达等装置,以感知和察觉那些形迹可疑的、正在跟踪和接近自己的反卫星武器。

　　随着动能反卫武器、离子束反卫武器、电磁脉冲反卫武器等先进反卫星技术的突破,要想自主躲避这些威胁,卫星应该高度智能化,星上雷达和监控器应该能够自主搜索威胁目标,自主决策实施避让措施。

空间防护

"空间盾牌"
——抗摧毁加固防护

加固防护，是保护卫星的"第三道防线"，使卫星在受到攻击后不易被摧毁。

抗摧毁加固技术是指在卫星设计上增加抗摧毁加固措施。当前两道防线均告失效时，或者卫星不具备"不易被发现"和"不易被攻击"的能力时，卫星在反卫星武器的攻击下，应能够顶得住，或者只受到局部或轻微损伤，不会丧失全部或主要的工作能力。

加固防护措施可以分为卫星本体防护、卫星链路防护和地面站防护。

对卫星本体的防护

对卫星本体的防护主要采取抗辐射加固、传感器加装激光防护膜、高轨部署、分散配置等技术，采用多层反射金属保护卫星，选用高激光损伤阈值的材料（如金刚石），采用表面薄膜技术，改善材料的表面状态等手段。例如多频谱隐身伪装技术是在卫星表面涂覆光电/雷达隐身涂层，改变其光电、雷达辐射特性，达到隐身的目的。

此外，各国还在发展起保护作用的微卫星，以保护较大的航天器。研究重点是微小卫星星座和编队飞行，发展小卫星星座抗毁伤技术。与大卫星相比，小卫星群具有较强的抗摧毁能力，可以"以十保一"

的方式投入使用,将它们分布在同一条轨道的不同位置,或分布在不同的轨道上,使反卫星武器很难将卫星群全部摧毁或各个击破。而即使卫星群中部分卫星遭到摧毁,余存部分的小卫星仍可以继续工作,系统不至于完全瘫痪。此外小卫星还具有快速发射、快速部署的优点,能迅速接替被摧毁的卫星,从而使卫星网恢复正常的工作。小卫星群的应用,有可能成为未来实现卫星"不易被摧毁"原则、提高卫星自卫生存能力的最有效和最现实的途径。

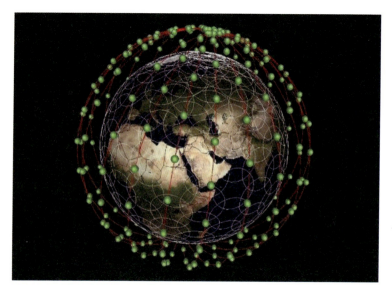

卫星组网示意图

美国近年来一直斥巨资"加固"卫星。其挂在嘴边的"卫星加固"技术是给卫星追加抗辐射能力。BAE公司致力于研发提高卫星可靠性的抗辐射技术,其用途涵盖军事通信卫星、商业通信成像和环境监测卫星。美国著名军火商——Cobham公司致力于卫星加固技术研究,其设计了抗辐射、可靠性高的标准微电子产品和定制化专用集成电路,有助于减少带电粒子对美国卫星的损害。美国研制的抗激光加固材料主要有金刚石薄膜、氧化铝陶瓷和二氧化硅陶瓷等。西屋电气公司已研制成功氧化钒防激光涂层,用来保护卫星上红外探测器免受激光武器

空间防护

的破坏。美国的"锁眼"-12照相侦察卫星等间谍卫星安装了人造"眼睑",以防止侦察卫星被激光破坏。这种"眼睑"由一系列透明和不透明的电极组成,当它被加热时(也就是被激光照射时),它就"闭上"以保护卫星;当它冷却时,就恢复到打开状态。

美国还利用"虚拟卫星"或"星簇"结构等技术加大对卫星"硬杀伤"的技术难度和成本。美国、俄罗斯和中国在微小卫星星座设计、开发和部署方面都已经有了里程碑的进展,并正研发、试验和改进卫星系统防护技术,在重视发展威胁探测与告警技术、链路防护技术的同时,强化主动防护与被动防护的协调发展,全面提高卫星系统的生存能力。

对卫星信息与数据链路的防护

卫星信息与数据链路面临的主要威胁表现在卫星测控系统接收到无意干扰(或称自然干扰)或有意干扰(或称人为干扰)的信号,可以干扰卫星测控链路,影响卫星上行遥控的正常接收,使得卫星失去与地面测控系统的测控联系。

随着空间攻防态势的发展,面对日益复杂的太空电磁环境和空间安防态势,对卫星信息与数据链路的防护多采取加密、使用专用的数字接口、限幅、扩频等具备高抗干扰能力的技术。

对卫星地面站的防护

卫星通信地面站由于位置固定,电子系统集成度高、运算速度快、数据吞吐量大,必然会减弱电子设备对外来干扰的抗击能力,使其容易受到多种干扰源的干扰。一旦地面站受扰,将影响卫星通信系统的有效运行。主要干扰有:电源信号干扰、网络信号干扰、有意/无意/自然电磁波信号干扰等。

为了保证卫星任务的顺利实施，必须对卫星地面站设备采取防护措施。

（1）针对电源信号干扰。可采取三大措施：一是天线区域安装避雷网，通过避雷网将雷电引流。二是在地面站配电室安装浪涌保护器，确保电浪涌不进入地面站；在通信机房安装UPS供电系统，防电压浪涌、稳压、稳频、滤波、抗电磁干扰。三是地面站配备相应设施，以防断电。

（2）针对网络信号干扰。可采取下列措施：一是在局域网输入输出端口增设防火墙，将内、外部网络有效隔离，保护内部网络，避免被外部网络攻击。二是有效防范计算机病毒攻击，遵守和加强安全操作控制措施，定期使用杀毒软件全盘杀毒；充分利用系统自带的安全管理功能，设置注册用户名和口令保证注册安全；通过授权和屏蔽保证权限安全；对系统和用户的关键文件夹设定读写权限等。三是及时查找系统漏洞，定期对计算机网络扫描，屏蔽不需要的端口开放，发现漏洞后及时修补；在网络重要节点位置安装入侵检测软件，检查网络或系统是否存在违反安全策略的行为和被攻击的迹象。四是加强管理制度，严格控制外来数据流入，建立多级备份机制，做好数据备份工作。

（3）针对电磁波信号干扰。采取如下措施：一是制定电磁防御和反干扰策略，保障干扰条件下卫星通信可有效运行。可采取降低传输速率，屏蔽受扰业务信道频率，更换使用转发器资源，干扰反制等多种手段，消除或抑制干扰带来的影响。二是及时发现并消除干扰源，比如采用TDOA/FDOA技术建立高轨双星定位的干扰源定位系统，采用两颗同步轨道通信卫星同时接收并转发干扰源的上行信号，由地面接收站的两个天线同步接收后进行信号处理实现对干扰源的定位。三是发展新技术提升地面站抗干扰能力，提高卫星信道的安全防护能力。比如研究卫星通信系统光通信技术，光通信技术具有传输速率高、可利用频带宽、抗干扰性能强等优点；研究量子通信技术，把"量子纠缠"原理用于卫星通信,将极大提高通信的安全保密程度,杜绝间谍窃听及破解,使自身的防御能力可以有效抗衡网络攻击。

随着国际环境和空间态势的改变,以及科技信息技术和颠覆性技术的飞速发展,卫星防护技术已然成为太空战技术一个重要的发展方向,是各国大力发展的重点。

太空战支援

太空战：战略制高点之争

太空战支援，简单来说，是为空间攻击、空间防护等一系列快速决策提供近实时威胁识别信息而采取的行动。作为太空中的"眼睛"和"耳朵"，"天军"是执行太空战支援任务的主力军，是太空作战赖以依托的"制高点"，将在夺取"制天权"的战争中发挥重要作用。

太空战支援的主要装备和手段包括：电子侦察卫星、导弹预警卫星、成像侦察卫星、空间态势感知装备、导航卫星等。

在下面几节里，我们简要介绍其中的几种典型措施和装备。

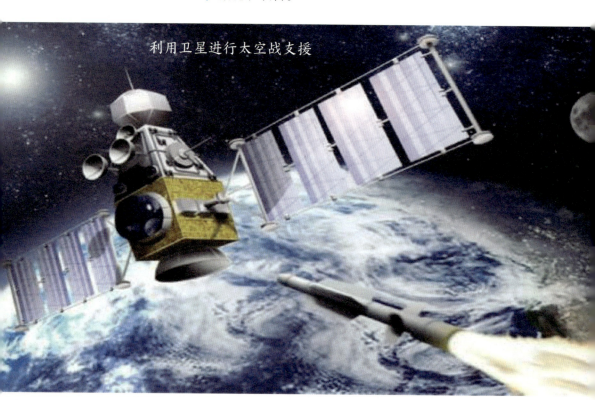

利用卫星进行太空战支援

"通天耳"
——电子侦察卫星

电子侦察卫星可谓是"通天耳",又被称为"电子情报卫星",是获取电子情报的重要手段。电子侦察卫星受到各军事强国的高度关注,一直被列为各国高度机密。电子侦察卫星之所以会引起高度关注,主要是因为其技术含量高和设计难度大,即便在航天领域发展如此快速的今天,电子侦察卫星仍属"奢侈品"。

电子侦察卫星都有些什么特性?

电子侦察卫星主要依靠星上的电磁信号接收机和天线,把敌军的各种辐射电磁信号记录并储存起来,在飞经自己国家上空时发送给地面,或者在侦收到敌军电磁信号的同时,通过中继卫星或其他手段,迅速把所获得的信息转发给地面站。

其主要作用是:不受地域或气候条件的限制,可大范围、连续性地长期监视和跟踪敌方雷达系统的传输信号,为战略轰炸机、弹道导弹突防和实施电子干扰提供数据;探测敌军用电台和信号发射设施的位置,以便于窃听和破坏。通过对电子侦察卫星所获情报的分析,能进一步揭示敌军的调动、部署乃至战略意图。目前,电子侦察卫星一般部署在高、中、低三类轨道上,配置了多种侦察手段,其工作方式也灵活多变。

电子侦察卫星的侦察目标主要包括:防空雷达信号、反导雷达信号、太空跟踪雷达信号、导弹测控信号、战术通信信号、战略通信信号、广播通信信号、微波通信信号、无线电话等。

根据不同的用途，可以将电子侦察卫星分为普查型、详查型两种。普查型卫星能监视大面积地区，测定辐射源的位置和粗略地测定电磁信号的工作频段等参数，扫描范围可达 2000 千米左右。详查型卫星能全面测量电磁信号的各种参数，测定辐射源的位置。

根据部署的轨道，电子侦察卫星可分为地球同步轨道、低地球轨道和大椭圆轨道侦察卫星。卫星轨道高度的选择主要取决于其所担负的侦察任务和星上设备的性能。地球同步轨道电子侦察卫星采用高灵敏度的大型接收天线（又被称为"大天线伞"），典型代表如美国的"水星""顾问""入侵者"卫星。低地球轨道卫星一般是海洋监视卫星，典型代表如美国的"白云"和"联合天基广域监视系统"。大椭圆轨道侦察卫星因其轨道优势可近似连续地进行信号情报侦察，典型代表如美国的"号角"卫星。

按照定位方法，电子侦察卫星可分为单星定位制电子侦察卫星和多星定位制电子侦察卫星。目前多为多星定位。

电子侦察卫星的关键技术主要有超大型天线技术、综合化集成化技术、星上信号处理技术以及定位技术等。

发展简史

1962 年 5 月，美国成功发射世界上首颗电子侦察卫星——"雪貂"，是世界上最早研制、发射并使用电子侦察卫星的国家，在卫星数量、类型、功能、性能以及应用等方面均代表着当今世界的最高水平。美国现役的电子侦察卫星有"门特""水星""联合天基广域监视系统""入侵者""徘徊者"等。

苏联于 1967 年 3 月开始发射试验型电子情报侦察卫星，比美国晚 5 年，典型代表有"处女地"。21 世纪以来，俄罗斯一直在部署新

太空战支援

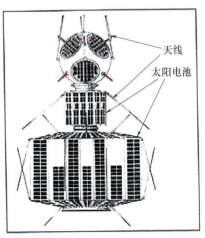

美国第一颗电子侦察卫星——"银河辐射背景"卫星

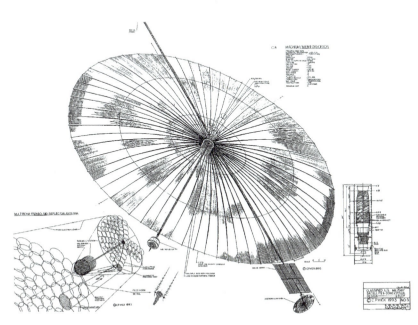

"门特"侦察卫星原始设计图

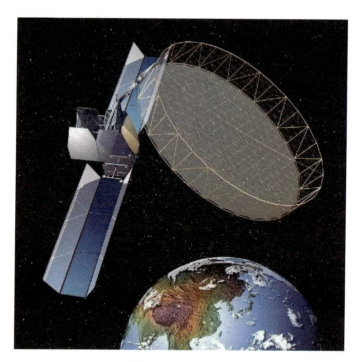

美国"入侵者"卫星

一代电子侦察卫星系统——"蔓"系统,用来跟踪敌方陆上战车、空中飞机和海上船只的移动,形成目标移动实时指示图,为精确打击提供支持。"蔓"系统主要有"莲花"-S和"芍药"NKS两型卫星,俄罗斯分别于2009年、2014年、2017年、2021年、2022年发射了"莲花"-S电子侦察卫星,2021年发射了芍药NKS-1卫星,为反舰导弹提供目标指示,支持俄罗斯远程反舰作战尤其是反航母作战。未来"蔓"系统将由2颗"芍药"NKS-1卫星+2颗"莲花"组成,大幅提升电子侦察能力。

2004年,法国发射的"蜂群"电子情报侦察卫星系统,由4颗低轨道电子侦察卫星组成,通过不停地运行以实现全球电子监听,其已于2009年脱轨退役。2011年,欧洲发射Elint系统(接替"蜂群"),用以截获并记录所有信号。2015年,法国启动"天基电磁情报"(CERES,"谷神")卫星项目,以提高太空信号情报侦察能力。

太空战支援

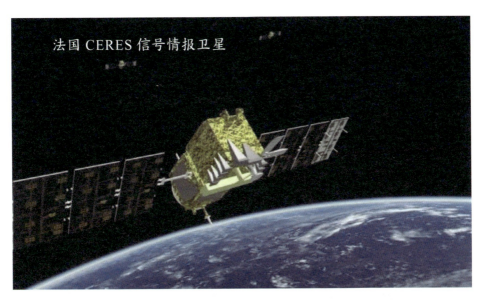
法国 CERES 信号情报卫星

卫星组网是趋势

美军在科索沃战争中动用了由"大酒瓶"静止轨道卫星、"雪貂"-D极地轨道卫星和"折叠椅"大椭圆轨道卫星等8颗卫星组成的电子侦察卫星系统以及16颗海洋监视卫星系统,为美军提供了大量的情报资料。

发展前景

由于在现代战争中普遍使用电子装备,战争的信息化程度也在不断加深,所以电子侦察卫星的应用前景越来越广泛。作为电子战支援的重要手段,电子侦察卫星的发展趋势是:

● 尺寸向两极化发展,即发展功能强大的高轨大型卫星和灵活的低轨小卫星星座,提高天线灵敏度和实时信息传送能力,信息处理从地面向星上发展,卫星从单一任务向综合型发展,增强轨道适应能力,提高时间分辨率,实现多角度侦察。

● 侦察性能向高度精确化方向发展。进一步增强星上电子侦察设备的信号处理能力与处理速度,使得侦察性能明显提高,捕获信号动态范围更大,对辐射源的定位精度更高;定位精度的不断提升有望实现"传感器到射手"的闭环,即卫星侦察有望直接引导火力打击。若这一点能够实现,则"不受制于国界+可直接引导火力打击"这种能力组合无疑可以对潜在对手产生巨大的威慑力。据称,美军的"徘徊者"电子侦察卫星已具备"实时精确目标标定的'从传感器到射手'的能力"。可以预期,未来这种能力必将成为各国追求的目标之一。

● 卫星防护能力不断增强。采用各种技术提高电子侦察卫星的抗干扰能力、变轨能力及抗摧毁能力。

● 卫星隐身性能不断提升。近来美国也不断致力于提升其电子侦察卫星的隐身能力,具备隐身能力的电子侦察卫星可视作一种类似于隐身战略平台的"战略威慑武器"。

● 编队网络化。通过编队联网,实现协同工作,使得系统具备更强大的作战功能和抗摧毁能力，适应未来作战需求。

● 侦察目标可扩展到整个可用电磁频谱，即凡是可接收的射频信号都有可能成为电子侦察卫星的侦察目标。"全频谱感知"能力将成为电子侦察卫星的主要能力之一。

电子侦察卫星仍是目前和将来军用卫星继续发展的方向和重点之一。

"太空哨兵"
——导弹预警卫星

导弹预警卫星犹如"太空哨兵",是一种用于监视和发现敌方战略弹道导弹发射的预警侦察卫星,是弹道导弹的克星。

预警卫星都有些什么特点?

导弹预警卫星的主要工作原理是利用预警卫星上装载的红外探测器和电视摄像机来探测来袭导弹在助推段(即导弹从发射架上发射后到燃料燃尽的阶段)发动机尾焰的红外辐射,从而确定发射时间、地点及其航向,为拦截武器提供预警信息。确定导弹的发射时间、地点和飞行方向后,预警卫星将有关信息迅速传递给地面中心,从而使地面防御系统可以组织有效的反击或采取相应的应对措施。

导弹预警卫星系统的特点:①组网工作,反应灵敏。通常由几颗卫星组成预警网。②预警范围广。可不受地球曲率的限制,居高临下地进行对地观测,覆盖范围广、监视区域大。③具有一定的抗毁能力。不易受干扰且受攻击的机会少。④星上装有高敏感的红外探测器,可以探测导弹在飞出大气层后发动机尾焰的红外辐射,并配合使用电视摄像机跟踪导弹,及时准确判明导弹并发出警报。⑤工作寿命长。

预警卫星通常运行在静止轨道或大椭圆轨道上,部分在低轨轨道,一般由多颗卫星组成的探测网,可昼夜对地面进行监视,为国家安全

 太空战支援

防御提供支持。战时预警卫星可监测发现导弹的发射与运行情况，及时分析对方作战意图，为反导防御系统提供预警支援信息；平时其可用于监视世界各国的导弹发射实验和航天发射活动，了解战略武器的发展动向，便于适时采取相应对策，同时可以收集各国发射目标的特征数据。

导弹预警卫星系统预警能力的高低、提供预警时间的多少，成为导弹拦截成功与否的关键因素。

发展简史

（1）美国。美国作为全球军事力量最强大的国家，一直追求在军事安全领域做到对未知风险的绝对防御。1971年5月，美国发射了第一颗导弹预警卫星，其头部的红外望远镜可在导弹起飞后90秒内探测到火箭喷焰，并在2~3分钟内将警报发回美国。目前第一代导弹预警卫星已全部淘汰。20世纪70年代末期，为防御苏联的导弹袭击，美国研制成功并发射了第二代导弹预警卫星——"国防支援计划卫星"（DSP），共发射了23颗，每颗卫星能够看到将近半个地球，可对防御洲际弹道导弹给出25分钟的预警时间，对防御潜射弹道导弹给出15分钟的预警时间，对防御战术弹道导弹给出5分钟的预警时间。目前仍有3颗超期在轨服役。为应对弹道导弹的威胁，美空军一直在不断完善新一代导弹预警卫星系统，从1979年至今，其先后提出研制新一代的"先进预警系统"（AWS）、"助推段监视与跟踪系统"（BSTS）、"后继预警系统"（FEWS）计划、"导弹报警、定位和报知系统"（AIARM）计划、"天基红外系统"（SBIRS）计划、下一代过顶持续预警系统（OPIR）等。其中第三代是"天基红外预警系统"（SBIRS），已经于2022年部署完备，共发射了4颗SBIRS-HEO卫星、4颗SBIRS-GEO卫星及2颗STSS演示验证卫星。第四代是正在研发的下一代过顶持续预警系统（OPIR），初期系统将包括3颗GEO和2

颗 HEO 卫星，首颗 GEO 卫星将在 2023 年发射，此系统不仅能探测跟踪大型弹道导弹的发射，还能探测和跟踪小型地空导弹、助推滑翔及吸气式高超声速武器、空空导弹的发射。一旦整个系统完成实战部署，就可直接在战略和战术层面上支持反导作战，将对各国的导弹武器的作战运用带来极大影响。

美国"国防支援计划"（DSP）卫星

SBIRS 高轨预警卫星装有 1 台高速宽视场扫描型短波红外捕获探测器（在热助推段观测明亮的导弹羽焰）和 1 台窄视场凝视多谱段（中波、中长波和长波红外及可见光）跟踪探测器（在中段和末段跟踪导弹），可实现对导弹发射的全程跟踪；也可有效增强对战术导弹的探测能力，在导弹点火的瞬间将其捕获，并在导弹发射后 10~20 秒内将警报信息传送给地面部队。

"空间跟踪与监视系统"（STSS）由部署在高度 1600 千米左右的多轨道面上的小型、大倾角、低轨道卫星组成，卫星之间信息通过 60 吉赫的星间链路传输，其与地面间的传输速率为 22/44 吉赫，此系统可以实现对弹道目标的立体式持续跟踪，主要用于捕获跟踪弹道导弹中段飞行发热弹体和末段飞行再入弹头。STSS 系统可以在 SBIRS 系统与

陆基预警雷达系统对弹道目标中段进行探测的"空隙"之间架起一座"桥梁"。

美国空军天基红外系统 SBIRS GEO-2 卫星

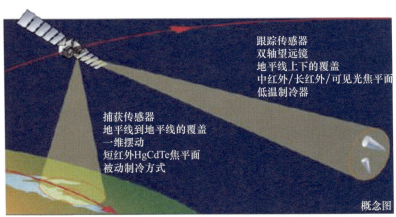

捕获传感器在近红外波段利用卫星的运动,以一个固定的速度实现探测、捕获和助推段跟踪。星上处理可将捕获信息传递给跟踪传感器。跟踪传感器在数个波段上实现中段跟踪。

SBIRS 卫星光学载荷使用示意图

STSS 导弹预警卫星

美国正在研制的新一代导弹预警卫星体系将由高轨、中轨、低轨卫星共同组成。其中高轨预警卫星主要用于预警战略导弹，低轨卫星用于跟踪全球范围内来袭导弹发射后的全过程。

（2）俄罗斯。苏联在20世纪60年代中期开始研制预警卫星，先后发展了"眼睛"和"预报"系列预警卫星。"眼睛"系列属于大椭圆轨道预警卫星，配备了红外探测器和白光电视等设备，苏联计划采用9颗卫星组网工作，实际上多为6颗卫星在轨工作。"预报"系列是地球同步轨道预警卫星，从1975年开始发射，重约3吨，卫星配备了大型红外探测系统和核爆炸探测器，红外探测系统可每7分钟对地球表面扫描一次。"预报"卫星采用4星组网工作模式，与"眼睛"预警卫星相互补充，形成对美国洲际导弹发射井的全天候监视。目前该系列的预警卫星已经全部退役，使俄罗斯的天基预警能力一度非常薄弱。

21世纪以来，为了恢复其天基预警能力，俄罗斯一直在部署新一代导弹预警系统——"统一航天系统"（EKS），其由多颗"冻土"导弹预警卫星组成，目标是实现全球监视和跟踪弹道导弹的发射及其飞行轨迹的能力。2015年11月，随着首颗"冻土"导弹预警卫星发射升空，俄罗斯才恢复了有限的天基预警能力。目前共发射6颗。

俄罗斯新一代预警卫星

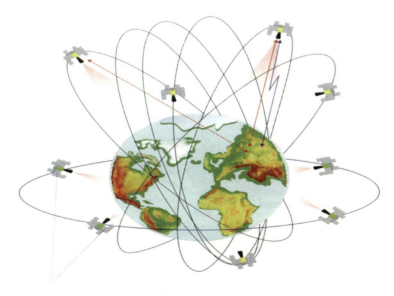

"统一航天系统"（EKS）轨道运行图

（3）欧洲。发射"螺旋"导弹预警卫星是欧洲天基预警系统建设的第一步，为欧洲国防预警系统奠定了基础。2009年2月，法国宇航局发射两颗"螺旋"导弹预警卫星。"螺旋"导弹预警卫星可以从36000千米的高度审视地球，也可飞临低轨道详查可疑目标。"螺旋"导弹预警卫星只是一个演示系统，能精确收集地面上的红外成像，分辨真假目标。

作战运用

1991年的海湾战争中，美国的"国防支援计划"导弹预警卫星发挥了不可替代的作用。海湾危机爆发后，美国把其中的两颗预警卫星移到海湾地区上空，专门监视伊拉克的弹道导弹。两颗预警卫星组成一个扫描系统，可每隔12秒扫描一次，对伊拉克进行监视。当"国防支援计划"导弹预警卫星的红外望远镜确认伊拉克发射"飞毛腿"导弹时，导弹喷射的红外线图像立即从该卫星传输给美国空军空间指挥导弹预警中心，并迅速由计算机算出目标的弹道轨迹；接着，可利用预警卫星获得的立体图像计算出导弹的命中地点。接到预警后的美国"爱国者"系统，将雷达波束调整到可能的落点空域并进行快速扫描，待发现目标后对其进行截获、跟踪，并发射导弹实施拦截。

导弹预警技术发展趋势

随着导弹预警卫星一代又一代的迭代，预警技术也在不断发展中，其发展趋势如下：

（1）从组网方式上看，高、中、低轨道组网相互配合是发展方向，高轨道星座利用其覆盖广的优势用于发现目标，中低轨道星座利用其探测分辨率高的优势用于探测和跟踪目标。

（2）从探测器件的发展来看，经历了从单一波段向多波段／多光

谱、从少探测元线列扫描向多探测元线列扫描和大面阵／大视场凝视的发展过程。

（3）从数据通信链路上来看，经历了从地面站集中接收并送到处理中心处理再送回战场指挥中心，到可以机动部署，同时可接收和处理多颗卫星数据的战场前沿移动站为主的发展过程。信息的快速分发并能在星上完成信息处理成为发展的趋势。

（4）从战场生存能力上来看，天基导弹预警卫星将通过搭载通信卫星或其他商业卫星等方式具有更强的隐蔽性，具有发射和部署周期更短、数量更多、机动变轨能力更强的能力，系统将具有更强的生存能力和体系弹性。

太空中的"千里眼"（1）
——光学成像侦察卫星

成像侦察卫星犹如太空中的"千里眼"，主要利用光学、光电或者微波成像遥感器获取目标图像信息。根据卫星遥感成像载荷的不同，可以将成像侦察卫星分为光学型和雷达型两种。通过对这两种卫星的组合运用，可以全天候地获取军事目标的高分辨率图像型侦察信息。

光学成像侦察卫星的特点

光学成像侦察卫星一般配备了具有较高分辨率的可见光相机等光学侦察设备。

由于成像侦察卫星传输的数据量极大，并且要防止被他国截获数据，因此必须依靠数据中继星实现大容量、高速率的数据实时中继。

缺点：受光照、气象条件等因素的影响，光学成像卫星对云层覆盖下目标无法进行成像侦察，对夜间黑暗中的目标成像能力不足，全天候侦察能力不足。因此，其一般要和雷达成像侦察一起运用。

发展简史

（1）美国。美国从20世纪60年代开始发射成像侦察卫星。"锁眼"（Keyhole）系列卫星是典型代表，分详查型和普查型，已发展了6

代共 12 个型号，是当今世界最为先进的光学成像侦察卫星，搭载有可见光、红外、多光谱和超光谱传感器等光学成像侦察设备，最高分辨率达到 0.1 米。前三代普查型卫星分别为"KH-1""KH-5"和"KH-7"；详查型为"KH-4""KH-6"和"KH-8"，第四代为"KH-9"，第五代为"KH-11"，目前在轨的是第六代"KH-12"。KH-11 卫星是一种不用胶卷而通过无线电信道实时传输数字图像信息的照相侦察卫星，卫星上装有高分辨率摄像机，采用数字传输方式，还装有具有信息加工处理能力的专用设备，增强了对目标、特别是活动目标的实时侦察能力，可提高从空间获取侦察情报的时效性。图像的地面分辨率最大达 0.15 米。KH-12 照相侦察卫星是数字电视传输型侦察卫星，采用了高分辨率数字图像技术、高级光学遥感器、获取图像的宽频谱技术和数字传输技术。其具有更高的红外、电子侦察能力和轨道机动能力，地

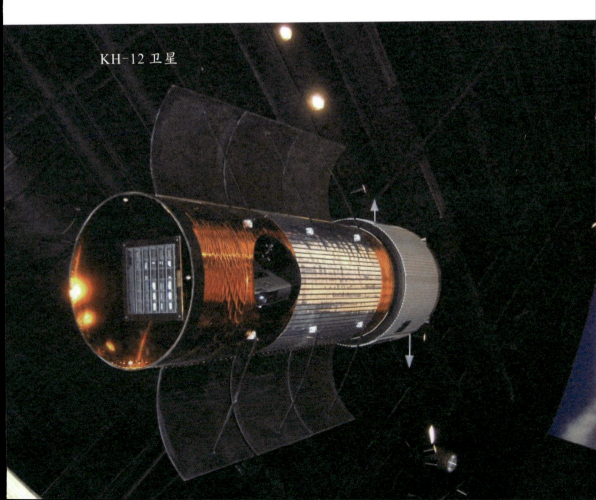

KH-12 卫星

面分辨率可达 0.1 米，可及时机动到爆发冲突的地区上空进行侦察。

美国还先后提出"未来成像体系结构"项目（内含雷达和光学两部分，光学部分已取消）、"广域天基图像收集系统"（BASIC）（已取消）、"下一代光电卫星系统"计划（"2+2"计划）。"下一代光电卫星系统"是在 BASIC 计划取消后批准的下一代光学成像侦察卫星计划。该计划由 2 颗 2.4 米光学口径的成像侦察卫星组成，卫星性能将与目前在轨的高分辨率光学侦察卫星等同或略有提升。

海湾战争期间，2 颗 KH-11 和 4 颗 KH-12 卫星平均每两小时飞越海湾地区一次，每次工作约 10 分钟，可以拍摄 10~100 平方千米的目标。

8X "增强型成像系统"卫星是目前唯一现役的混合型成像侦察卫星，解决了 KH-12 光学侦察卫星驻留时间短、视场窄的问题。8X 卫星搭载有光学传感器和合成孔径雷达两种成像载荷，卫星视场覆盖区域较 KH-12 系列卫星提升了 8 倍，数据传输速度也提升了 8 倍。8X 卫星获取的侦察信息也可以通过中继卫星传送回本土进行进一步的处理与分析。

另外，美军还利用高分辨率商用卫星实现对地面目标的侦察，如利用伊克诺斯-2 卫星发现了朝鲜的导弹发射基地。

 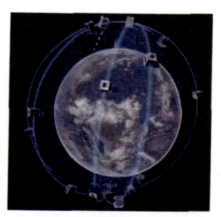

(a) 多星在轨　　　　　　　　(b) 星座组成

商用卫星对地面目标实施侦察的途径

美国低轨视频成像卫星 SkySat-1 和 SkySat-2 卫星相继于 2013 年 11 月和 2014 年 7 月被成功发射，其空间分辨率达到约 1.0 米，具备 90 秒时长、30 帧/秒的全色视频成像能力，由 24 颗卫星组成的星座，可达到全球任意地区小时级的重访能力。

美国低轨成像卫星拍摄的地面目标图像

（2）俄罗斯。俄罗斯先后发展了"蔷薇辉石"胶卷回收型详查卫星、"阿尔康-1"（Arkon-1）数字传输型卫星、"琥珀-4K2M"返回式光学成像侦察卫星、"角色"（Persona）传输型高分辨率卫星，以及在研的"拉兹丹"（Razdan）卫星。

"蔷薇辉石"胶卷回收型详查卫星分为"蔷薇辉石-1"和"蔷薇辉石-2"两种，分别属于第六代和第七代卫星。"蔷薇辉石-1"卫星的"腰部"装有一圈胶卷回收舱，其数量约为 10~12 个，共发射了 7

颗。"蔷薇辉石-2"卫星"腰部"容纳了2圈共计多达22个胶卷回收舱，仅发射了2颗。

俄罗斯的"蔷薇辉石"卫星

"阿尔康-1"（Arkon-1）数字传输型卫星于1997年发射，卫星工作在比一般成像侦察卫星高得多的轨道上，分辨率不高，只有2~5米，但其视野开阔，对目标驻留的时间更长。每天绕地球飞行11圈，每24小时重复一次地面轨迹。

"琥珀-4K2M"是返回式光学成像侦察卫星，首发于2004年9月，后约以每年1颗的频率进行发射，目前已发射了10颗，末次发射是2015年6月。该系列卫星分辨率高达0.2米，现已经退役。

"角色"（Persona）是俄罗斯研制的继"蔷薇辉石"系列和"阿尔康"（Arkon）系列之后的新一代传输型成像侦察卫星，是俄罗斯现役成像侦察卫星的主力型号，也是俄罗斯目前分辨率最高的传输型成像卫星。目前在轨2颗，在距离地球表面700千米的太阳同步轨道上运行。

"拉兹丹"（Razdan）卫星是俄罗斯正在发展的下一代光学侦察卫

"琥珀"(Yantar)卫星

"角色-3"(Persona-3)卫星

星，意欲取代目前在轨的"角色"卫星，将成为未来光学成像侦察卫星系统的主力。

"拉兹丹"（Razdan）卫星构想图

Bars-M 卫星主要执行地形测绘任务，在距离地面 600 千米的太阳同步轨道运行，携带激光测高系统，能够解决很多地区难以获取地面控制点的情况，进一步提高测量精度。这些卫星将使俄罗斯具备全球高时效性军用地图测绘能力，为其军事斗争提供关键支撑。2015 年和 2016 年和 2022 年，俄罗斯共成功发射三颗 Bars-M 卫星。

（3）欧洲。"太阳神"系列光学成像侦察卫星是利用斯波特 –4 民

用遥感卫星平台研制而成。首颗第1代光学成像侦察卫星——"太阳神-1A"于1995年7月发射，在科索沃冲突中，第1代"太阳神"首次作为一种实战工具，能每天至少送回一次有价值的图像数据，被成功地用于制定空袭计划和轰炸效果分析等。1999年12月，"太阳神-1B"顺利升空。第1代"太阳神"无法穿透黑夜和浓云，为此，又研制了第2代"太阳神"。2004年12月，首颗第2代"太阳神"光学成像侦察卫星——"太阳神-2A"发射，由于增加了红外相机，使卫星具备昼夜侦察、伪装识别、导弹发射监视和核爆炸探测的能力，同时它也支持目标定位、制导、任务计划和战斗损伤评估，并具备姿态机动成像能力。2009年12月，"太阳神-2B"发射升空，进一步加强了欧洲空中监测能力，可每日监视全球状况。

法国正在推进由低轨、椭圆轨道和地球静止轨道卫星构成的光学成像侦察卫星体系建设。其中，低轨光学成像卫星主要由"光学空间段"星座和新一代"昴宿星"星座组成。光学空间段（CSO）卫星是由欧洲联合发展的"多国天基成像系统"（MUSIS）的重要组成部分。它有较强的自主轨道控制能力，可精确保持轨道位置，同时还具有灵活的指向功能，允许快速转向，可为三维立体监视产品提供不同视角的视图，并具备可见光和红外波段的高清成像能力。图像下传时间从"太阳神-2"的6小时缩短到90分钟。2018年12月，CSO-1卫星的升空，标志着法国开始部署新一代光学成像侦察卫星。2020年12月，CSO-2卫星发射，分辨率达到0.35米，其旨在提供较宽覆盖和战区快速重访能力，满足法国和欧洲的国防情报需求。CSO-3卫星于2022年发射，着重提高重访能力。

新一代"昴宿星"星座为四星组网体制，每颗卫星每天可拍摄50万平方千米的影像数据，分辨率达0.3米。星座采用先进的激光通信技术，可直接连接"欧洲数据中继系统"。该系统又名"太空数据高速公路"，通信带宽达每秒1.8吉比特，可实现每天40太字节的准实时数据传输，确保该星座具有最快反应速率、最低响应延迟和高容量数据传输能力。与现有"昴宿星"星座相比，该星座每天的重访次数是其2倍，重新规划任务的速度是其6倍。

法国椭圆轨道光学成像卫星项目是 HRT 卫星，这颗卫星的突出特点是拥有可以在轨道高度 6353 千米的远地点实现 1 米空间分辨率和 50 千米幅宽的高分辨率的观测能力，持续观测时间达到 45 分钟。椭圆轨道卫星的优势是在远地点弧段驻留目标上空的时间较长，可在近一半的轨道范围内集中观测感兴趣的地区。

法国还将发展地球静止轨道光学成像卫星，观测范围能够持续覆盖南北纬 50°范围内的区域，具有移动目标监视能力，但此项技术难度高、体积大、质量大，且成本高昂。

发展趋势

从光学成像侦察卫星的发展历程可以看出，未来成像侦察卫星的发展特点包括：重访周期越来越高；分辨率越来越优；微小型化、组网协同工作越来越具优势；光学成像侦察卫星和雷达成像侦察卫星组合运用，相互补充。

太空战支援

太空中的"千里眼"(2)
——雷达成像侦察卫星

随着合成孔径雷达(SAR)技术在航天领域的应用拓展,雷达成像侦察卫星成为了航天遥感的新秀,有效弥补了光学成像侦察卫星的不足,在军事和国防领域得到了广泛应用。

雷达成像侦察卫星的特点

雷达侦察卫星通常配备了合成孔径雷达,利用其对地面目标进行扫描成像观测,获取目标图像。

优点是:基本不受气象条件的影响,可全天候侦察;分辨率的大小取决于合成孔径大小,X波段SAR卫星的分辨率一般为0.3米;能穿透地表和掩蔽物、识别伪装,观测地表水下;拥有多种工作模式,成像灵活;观测工作与轨道高度无关;向微小卫星、卫星组网方向发展;有广泛的军用和民用价值。

缺点是分辨率普遍低于光学侦察卫星。人们通常将其和光学成像侦察卫星组合运用,以便全天候地获取关于军事目标的高分辨率图像型侦察信息。

雷达成像侦察卫星发展简史

(1)美国。美国于1976年启动了雷达成像侦察卫星——"长曲棍球"（Lacrosse）项目的研制计划。卫星上搭载有一部高分辨率合成孔径雷达，天线采用直径9.1米的抛物线型阵面设计，并带有相控阵馈电系统，能以多种波束模式对地面目标进行成像，雷达获取的图像信息经过星上设备处理与压缩后，可通过"跟踪与数据中继卫星"（TDRS）传送回本土处理中心，保证侦察信息的及时性。此种卫星具备全天候、全天时侦察能力，不受云、雾、烟以及黑夜的影响，并可识别伪装或地下目标，弥补光学成像侦察卫星的不足。

首颗"长曲棍球"卫星于1988年12月成功发射并入轨运行，到目前为止美国共发射5颗"长曲棍球"卫星，其中3颗还在正常运行。卫星质量约为15吨，长度约为12米，直径约为4.4米。头三颗卫星在以标准模式成像时分辨率为3米，以精扫模式成像时分辨率可达1米，后两颗改进型卫星的标准模式下空间分辨率为1米，精扫模式分辨率可达0.3米。当雷达在X波段工作时，可在云、雨、雾、黑暗和烟尘环境下完成对地面目标的全天候侦察。当雷达在20~90兆赫工作时，绕射穿透能力较强，对假目标、伪装后目标以及地下深处的设施具有一定的识别能力。在海湾战争期间，美军使用"长曲棍球"卫星发现了伊拉克埋在沙下的掩体、管道和其他设施，弥补了"锁眼"卫星全天候能力不足的缺陷。在海湾战争、波黑战争以及伊拉克战争中，"长曲棍球"也被用于跟踪敌方武装力量的运动方向，并评估美军的攻击效果，对战争的最终胜利起到了巨大的作用。

"未来成像体系结构"（FIA）计划由体积小、重量轻、功能强、数量多的较小型照相侦察卫星组成星座，它们均运行在1100千米高的太阳同步轨道，以便为战场指挥官提供近乎即时的目标图像，其分辨率优于0.3米。该计划分为雷达部分（FIA-Radar）和光学部分（FIA-Optical），其中光学部分已经被取消。目前在轨卫星5颗，它们将逐步取代"长曲棍球"系列，预计其单位时间获取图像数据的能力将达到现役系统的8~20倍。

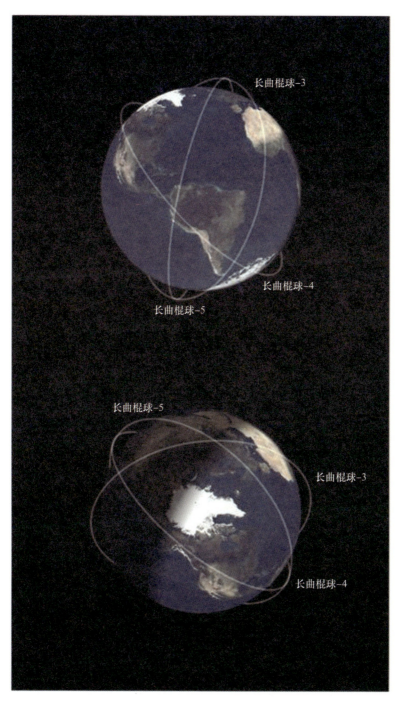

"长曲棍球"(Lacrosse)雷达卫星轨道运行图

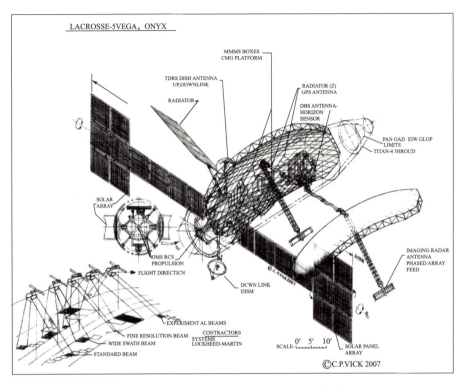

"长曲棍球"（Lacrosse）原始设计图

美国卡佩拉公司的合成孔径雷达成像卫星的最高分辨率已经达到了30厘米左右。

（2）俄罗斯。苏联时期曾发展了用于监视水面目标的雷达侦察卫星——"钻石-1"（Almaz-1），它携带S频段合成孔径雷达，分辨率为10~15米，幅宽30~45千米。冷战结束后，俄罗斯开始研发用于对地侦察的雷达成像侦察卫星——"秃鹰"（Kondor）。"秃鹰"系列卫星是俄罗斯首型雷达成像侦察卫星，由机械制造科研生产力联合体公司研制，重约1.15吨，采用S频段抛物面天线，具有聚束、条带、扫描三种合成孔径雷达（SAR）成像模式，最高分辨率约为1米。目前有"秃鹰-1"和"秃鹰-1E"两种型号，分别于2013年6月和2014年12月发射。

"秃鹰"雷达侦察卫星

"秃鹰-1E"卫星

2007年,"阿尔康-2"(Arkon-2)雷达成像侦察卫星发射升空,其星上载有独特的三频段合成孔径雷达,可完成全天候、全天时侦察任务。它可以探测到植被下隐藏的目标,识别地面伪装和地下目标。目前"阿尔康"(Arkon)卫星均已退役。

俄罗斯曾发射过分辨率为15米的"钻石"民用遥感雷达卫星,但至今尚未发射过供成像侦察用的雷达卫星。

"钻石"遥感雷达卫星

(3)欧洲。2001年,法国和意大利决定联合研制一个价值10亿美元的军民两用成像卫星系统——"光学和雷达联合地球观测系统",该系统包括2颗法国的"昴宿星"高分辨率光学成像卫星和4颗意大利的"宇宙-地中海"高分辨率雷达成像卫星,卫星的图像产品由两国共享。

意大利的"宇宙-地中海"高分辨率雷达成像卫星是军民两用雷达成像卫星,整个星座由4颗卫星组成,全部运行在620千米的轨道上,用于全球观测,以12小时的重访周期拍摄地球图像,并可根据需求对重点领域进行平均约数小时的重访。此种卫星于2007年、2008年、2010年共发射4颗。

德国的"合成孔径雷达－放大镜"（SAR-Lupe）卫星，与法国的"太阳神"光学侦察卫星进行合作。2006—2008 年间共发射 5 颗卫星，运行在 500 千米的轨道上，分辨率为 0.7 米（最高 0.5 米），可进行广角和近景拍摄。

（4）日本。日本的情报搜集系统（IGS）包括 4 颗光学成像侦察卫星和 4 颗雷达成像侦察卫星。2003 年，日本发射首颗雷达成像侦察卫星，目前已经发展到第三代。第二代雷达成像侦察分辨率为 1 米，第三代分辨率提高到 0.5 米，已经进入该领域的世界先进水平前列。

日本 IGS 第二代雷达卫星

发展趋势

随着需求的扩增和科技的发展，雷达成像侦察卫星技术发展趋势如下：微小型侦察卫星星座更易实现近实时的侦察能力；雷达成像卫星和光学侦察卫星组合运用，可最大化发挥卫星侦察能力；分布式合成孔径雷达将成为一种很有发展潜力的星载合成孔径雷达；军民两用的商业遥感卫星将成为未来航天侦察力量的重要组成部分。

开启"上帝之眼"（1）
——天基空间态势感知

地球上空的卫星

 太空战支援

随着航天技术的发展及其在军事上的应用,太空逐渐成了维护国家安全和利益的战略制高点,谁能有效开发、利用太空,谁就能取得政治、经济以及军事上的战略优势。空间态势感知是一切太空活动的基础,是确保太空资产安全的前提和了解太空活动意图的关键手段,只有具备强大的空间态势感知能力,才能确保太空活动的有效展开。随着越来越多的国家拥有进入太空和利用太空的战略实力,占领空间这一战略高地正在成为各军事大国竞相追逐的目标。以美国为首的军事大国正积极开展空间态势感知能力建设,空间态势感知能力已成为各军事大国未来作战的重要基础。

从平台来分,主要有天基、空基和地基空间态势感知三种方式。从全球能力发展来看,目前地基空间态势感知能力最强,其次是天基空间态势感知能力。本节将介绍天基空间态势感知的基本情况。

空间态势感知概念

空间态势感知主要包括对空间目标的探测、跟踪、识别、定位以及对空间事件的评估、预测与核实及环境监测预报等,是应对空间威胁、确保空间安全的重要基石,是决胜太空的重要筹码。唯有具备较强的空间态势感知能力,才能确保后续空间攻防行动的有效展开。

天基空间态势感知是指利用太空平台(如卫星等)进行态势感知的过程。传统的天基态势感知,需要事先知道观测卫星的精密星历,即观测卫星必须依赖地面或其他额外信息,生存能力弱、运行成本高。

随着低轨大规模星座爆发、空间系统功能模糊性增加、空间事件频繁发生,空间安全环境更加复杂多变且充满不确定性,空间态势感知的战略地位更加突出,给空间态势感知系统带来了挑战和压力,同时对空间态势感知系统的全面性、精细性、及时性和深入性提出了要求,特别是对其规模容量、感知精度、反应速度和认知深度提出了新要求。

发展简史

美国作为空间态势感知领域的"领头羊"，目前已经具备对空间内多种目标的态势感知能力，其低轨目标分辨率可达5厘米、静止轨道目标分辨率可达50厘米，能跟踪所有在轨卫星和直径数厘米以上的空间碎片，对所有在轨空间飞行器可谓"了如指掌"。1956年，美国空军以"贝克·纳恩"光学卫星追踪照相机为起点，开启了美军对空间目标的监视。从20世纪90年代开始，美国先后实施了包括"中段空间试验卫星"（MSX）、"微卫星技术试验"（MiTEx）、"空间试验卫星系统"、"空间态势感知计划"（SSA）、"地球同步轨道空间态势感知计划"（GSSAP）在内的多项空间目标监视卫星项目，将太空态势感知能力从简单的目标编目提升到对太空目标的功能特性、活动目的和意图的全面掌控。2016—2020年间美国国防部的空间态势感知领域预算共约18亿美元，重点发展具有全天时、全天候探测优势的天基系统，把天基系统的研发定为空间目标态势感知的优先发展方向，将空间态势感知能力建设推上了高速发展的"快车道"。基于空间态势感知的重要性和复杂性，美军逐步形成了以军方与情报界为主要建设力量，其他民间商业机构为补充的军民融合式建设格局，如美国国防部高级研究计划局正在实施的"轨道展望"计划，旨在通过来自政府、军方、商业组织和研究单位的数据整合，实现空间监视数据的全面高效利用，并最终生成准确实时的空间态势图。未来，美国太空态势感知系统对低轨空间目标的探测和定位精度将分别提高到1厘米和10米，预测准确率将提高到99%，不愿放过"茫茫太空中的一粒尘埃"。

美国目前在轨的6颗GSSAP空间态势感知卫星，搭载了高分辨率相机与高性能电子窃听设备，可对观测目标进行"拍照"与"窃听"，能够清晰拍摄目标外形并跟踪经常执行轨道机动的目标，也能够跟踪目标发射的无线电信号以获取其通信信息。据《2020太空安全报告》

中数据指出，在 2020 年内，GSSAP 卫星（2014-043B）在西经 86°到东经 170°范围内活动，多次机动侦察我国和俄罗斯军用及民用卫星。

2010 年 9 月，美国发射一颗天基太空监视（SBSS）卫星，部署在 630 千米高度的轨道。这是第一颗能够从太空探测并追踪轨道物体的卫星，配有一部安装在万向基座上的光学摄像机，可全天候监视绕地飞行的所有卫星和航天器。

2017 年 8 月，美国发射了"太空快速响应作战"-5（ORS-5）卫星，其能在 600 千米的轨道上实施对地球同步轨道目标扫描探测任务，填补了美国的空间态势感知能力。

俄罗斯目前基本沿用部署于苏联时期的太空监视系统，此系统通过弹道导弹预警系统的建设发展而来，已经具备近地轨道 10 厘米以上的空间目标感知能力。未来将重点增强微小目标探测和空间目标特性分析能力，以便从复杂空间背景中识别判定卫星与导弹，为空间攻防提供强力支撑。

英国、法国等欧洲国家都拥有各自独立的空间目标监视系统，但由于缺乏整体规划尚未联网运行，致使空间覆盖范围上存在较大缺口，主要还是依赖美国的空间监视网获取相关信息。

发展特点

经过多年的发展，天基空间态势感知技术呈现以下特点：①高轨态势感知技术已经由实验验证转为空间装备；②态势感知逐渐向网络化和体系化方向发展，通过组网提高感知效率，增加系统的弹性和抗风险能力；③入轨方式灵活多样，增加隐蔽性，降低系统成本；④人工智能技术可为提高空间态势感知系统的信息获取、信息处理、信息呈现和分发的质量和速度提供重要支撑，例如美国局部空间自主导航与制导试验卫星（ANGELS）演示验证的技术显示其特别注重平台的自主能力。

　　随着未来空间态势感知能力的进一步提高,实现如"星球大战"般的太空军事感知实力早已不是痴人说梦。依托强大的空间态势感知能力,一场可对敌方太空目标进行精确打击、对己方太空目标进行有效防护的"太空战"或将在未来的太空战场爆发。空间态势感知也将为未来战争开启"上帝之眼"。

开启"上帝之眼"(2)
——地基空间态势感知

地基空间态势感知明星——"太空篱笆"

地基空间态势感知在探测低地球轨道小尺寸空间目标方面具有较大的优势。与天基空间态势感知相比,地基空间态势感知的优势在于:①可操作性强;②可维护性强;③造价低廉;④在役时间长;⑤探测能力强,深空通信能力强,信号传输时长可达数小时。

近年来,美、俄、德、法、英等国均将地基空间态势感知作为空间态势感知系统的重要组成部分,并积极推进对其的研制和部署,以

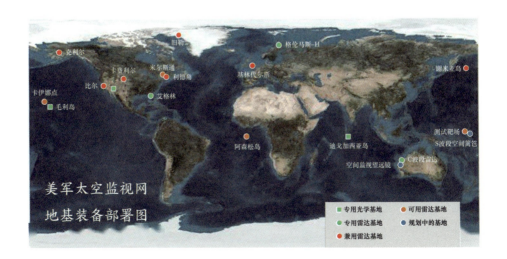

期构建完整的立体空间探测网络，如美国已建立了一个遍布全球的地基空间监测网。目前，美军运行着约30部地基空间态势感知系统，这些系统遍布于美国本土、英国、挪威、大西洋、印度洋、太平洋等多个地点。

在美国诸多地基空间态势感知系统中，有一个明星产品——"太空篱笆"系统最受世人瞩目。

"太空篱笆"是什么？

"太空篱笆"是指使用多个地基相控阵雷达站构成的一个连续波空间探测系统，旨在通过探测和跟踪近地轨道、中地球轨道和地球同步轨道上的目标来提供空间态势感知，然后将这些数据输入到美国的太空监视网络。

"太空篱笆"的前身可以追溯到冷战初期。1957年苏联发射第一颗人造卫星后不久，美国海军开始建立太空监视系统，后又逐步发展成为"海上太空监视系统"，之后又更名为"美国空军太空监视系统"，这就是"太空篱笆"的雏形。

随着太空系统受到日益严重的威胁，为大力提升当时的空间态势感知能力，美国推出了"太空篱笆"。此系统采用相控阵天线以数字波束形成方式控制波束方向，可同时搜索和测量不同方向的多个波束，在空间形成一道拦截屏，对空间碎片进行发现、探测和跟踪编目，大幅提升跟踪太空垃圾和其他较小物体的能力。之所以称为"篱笆"，是因为它是由数部发射机和接收机在空间域建立的一个狭窄的、大洲宽度的平面能量场，穿越能量场或"篱笆"的卫星可被探测到。"太空篱笆"项目的启动，可大大提高美军太空目标探测与跟踪能力，尤其是环太平洋太空活动感知能力。到目前为止，该项目历经了两代发展。

第一代"太空篱笆"系统共由9个站点，即3个发射站与6个接收站组成，是一种收发分置的甚高频相控阵地基雷达，主要探测轨道倾角约 30°~150° 范围的卫星。天线发出的电磁波不是一条细细的波束，而是一个薄薄的面，根据空间目标的轨道特性设计，一般在东西向的波束宽度非常宽，而在南北向的波束宽度很窄。"太空篱笆"系统工作时在空间形成东西宽 115°，南北宽 0.02° 的扇形波束屏，可覆盖西经 77.5°~120° 上空的空间目标，可对轨道倾角约 30°~150° 的范围进行搜索，能够探测小至 10 厘米的中低轨目标。但因其系统老化、波束覆盖范围有限，存在探测空白，对一般空间目标重复监视时间间隔长达 5 天等原因，不能满足更远距离、更小目标的探测需求，已于 2013 年 9 月被关闭。

2014 年，美军开始建设第二代"太空篱笆"系统，采用大型单基地相控阵雷达体制，只需要单个基地就可以实现以前多个基地的监视任务。雷达采用全数字化收发体制，每个通道的发射和接收波束形成单独可控。利用 GaN 功放和数字波束形成技术，提高了发射效率和波束形成的速度、精度，并且可以完成电扫描。通过单一雷达发射阵面的多个通道可形成多个发射波束覆盖 120°×0.2° 的扇形面电磁区域，较之前的系统有了更广的天域覆盖范围。目标穿过扇形电磁区域时（LEO）会反射信号，接收阵列接收到反射信号以后，利用数字信号处理的方式，对目标的运动特征进行提取，从而可以实现对该飞行器的监视。二代系统工作频率提高到了 S 波段，将极大提升空间探测的分辨率，可探测低地球轨道（LEO）直径 5 厘米的空间目标。2020 年，部署在太平洋夸贾林环礁的第一部二代"太空篱笆"系统正式启动，把美军空间态势感知能力提升到中低轨道厘米级，另一部雷达站将建设在澳大利亚的西澳大利亚州。

随着"太空篱笆"系统的升级完成，美国对于亚太地区的空间态势感知能力有了更进一步的提升。"太空篱笆"系统凸显了美国对于未来太空战略的重视。

美国"太空篱笆"雷达站

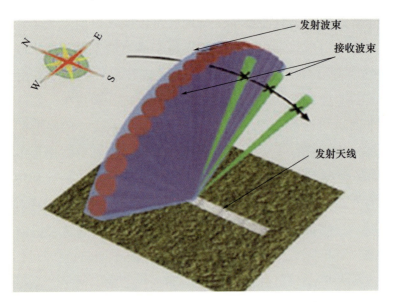

美国新一代"太空篱笆"系统（S频段）工作示意图

地基空间态势感知发展

随着大数据时代的到来以及航天活动日益增多，太空环境变得日益复杂，对空间态势感知能力的发展和提升势在必行：升级既有装备，研发新型装备，强化与民用和商业领域的空间态势感知数据融合，缩小观测盲区和反应时间，进一步优化探测精度和定位精度。

开启"上帝之眼"(3)
——太空监视望远镜

人们对太空的探索欲望促使太空监视望远镜技术不断发展。1609年,伽利略首先将望远镜用于观测太空。1990年,著名的哈勃望远镜的诞生,让我们观看宇宙的视野发生革命性的改变。2001年,美国提出"太空监视望远镜"(SST),进一步促进了空间态势感知能力的提升。

太空聚光灯:太空监视望远镜

为解决美军空间态势感知系统存在的低轨与高轨探测盲区,美国国防部高级研究计划局(DARPA)于2001年设立了"太空监视望远镜"(SST)项目。

"太空监视望远镜"(SST)计划旨在构建无盲区的空间态势感知系统,用先进的地基光学系统探测、追踪太空中的微弱目标,具有快速、大面积的搜寻能力,其主要目标是通过发展大型焦曲面阵列传感器及高探测敏感度、短焦距、宽视野和快速整定的望远镜,使人类从地面探测深空中无信号目标(如探测小行星、太空防御任务等)成为可能。

太空战支援

SST 整体设施及外观

望远镜的特色

SST 项目研发了多项先进技术,重新定义了望远镜的能力。例如,SST 使用了有史以来建造的最为陡峭弯曲的主望远镜反射镜。与其他空间监视望远镜相比,这种反射镜能使 SST 采集更多光线,从而能以更广阔的视场进行成像观测。为了支持该反射镜,SST 采用 Mersenne-Schmidt 设计,使用了比传统望远镜更为紧凑的结构。事实上,这种设计也使其成为世界上最快和最敏捷的大型望远镜。

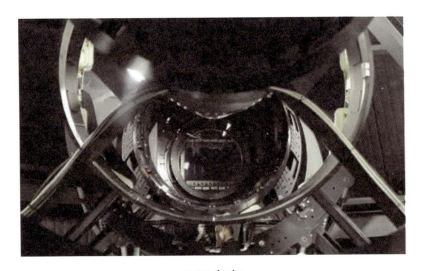

SST 相机

表　SST系统参数

望远镜主镜	直径（实际）：3.5 米 直径（有效）：2.9 米 有效焦距：3.49 视场：3°×2°
机架	最大跟踪速率：4°/秒 跟踪稳定度：0.5″
相机	传感器：2K×4K CCD（减薄背照明） CCD 数量：6×2 像素尺寸：15 微米 有效像元：12,288×8,192 曝光时间：0.025~10 秒
重量	180,000 磅
高度	16.4 米
旋转速率	17°/秒

SST 的相机采用了曲面电荷耦合器件（CCD）技术，不仅使望远镜尺寸更加紧凑，还能在宽视场内提供清晰成像。望远镜的 CCD 照相机包括曲面成像仪和一个高速快门，具有快速扫描能力和高灵敏度，使望远镜能够探测并跟踪到广角太空视野中非常小、非常微弱的目标，发现更多地球赤道周围近地区域的太空物体。该设备还具有快速伺服反应能力，可快速搜索、探测、跟踪并描述同步轨道以上 10,000 个 8~10 厘米大小的空间目标。

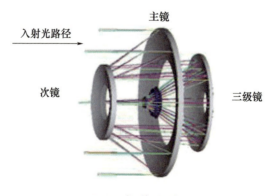

SST 光学设计

太空战支援

望远镜能力及应用

SST 使空间态势感知能力从一次只能观测到少量大型空间物体升级到一次性观测到一万个大小相当于垒球的空间物体，能在几秒钟内搜索比美国大陆更大的区域，一个晚上能在其视场内对整个地球同步轨道带进行多次观测。SST 的广域空间监视能力不仅能观测绕地运行的物体，还能对太阳系和更远的深空进行观测。NASA 已在利用 SST 的能力通过宽视场观测非常昏暗的天体，帮助提供对小行星及其他近地物体的预警。SST 在 2014 年观测到 2,200,000 颗小行星，在 2015 年观测到 7,200,000 颗小行星，在 2016 年观测到 10,000,000 颗小行星，还发现了 3600 颗新小行星和 69 个近地物体，包括 4 个对地球造成潜在碰撞风险的物体。

该项目于 2002 年立项，2011—2013 年间进行了测试评定，2012 年 8 月完成研制试验与鉴定的全部程序，并于 2013 年进行了作战试验与鉴定。2016 年，SST 开始从美国新墨西哥州白沙导弹靶场迁往澳大利亚哈罗德·霍尔特海军通信基地，2017 年搬迁完成，2020 年拍摄了第一张太空照片。该系统经过严格测试，于 2022 年 9 月底具备了初始作战能力。据美国太空军估计，太空监视望远镜将于 2023 年全面投入使用，加强对西太平洋、印度洋上空地球静止轨道卫星的监视能力。

地基光学空间态势感知技术发展趋势

太空监视望远镜是地基光学空间态势感知的典型代表，是美国太空监视网（SSN）的一个重要组成部分，为美国、澳大利亚及其主要盟国提供强大的空间态势感知能力。随着信息化技术和人工智能技术等颠覆性技术的飞速发展和不断突破，地基光学空间态势感知能力将能得到进一步的发展：观测盲区将显著缩小；太空事件提示和预警时间明显缩短；编写常理空间目标数量大幅提升；可探测精度、定位精度进一步优化；更加有效地支持太空行动。

太空中的"指路灯"
——天基定位、导航和授时

很难想象在现代社会中,如果没有定位系统来提供实时的定位导航授时(PNT)服务,我们的生活、无数的军事和民用设施应如何运转。

PNT 概念

据美国交通部的定义,PNT(Positioning, Navigation and Timing)是三种不同功能的组合:

定位(Positioning),是通过参照标准大地测量系统,以二维(或在需要时以三维)准确和精确地确定一个人的位置和方向;

导航(Navigation),是确定当前和所需(相对或绝对)位置,并能够对航向、方向和速度进行修正,以实现在世界任何地方从地下到地面以及从地面到空间获得所需位置;

授时(Timing),是可以在世界上任何地方,在用户定义的时效性参数范围内,从标准(协调世界时,或称 UTC)获取并保持准确和精确的时间。授时还包括时间转移。

PNT 的概念是从 GPS(天基 PNT)脱胎而来的,美国在 2004 年把 GPS 称之为天基 PNT,在 2008 年发布了 2025 年的 PNT 总体架构,为卫星导航系统下一步系统集成和融合发展描绘出一幅远景蓝图。在这幅蓝图中，定位、导航和授时（PNT）已经不单单是天基的事情，而是泛在的概念。

PNT 发展简史

2004 年，美国总统签署并颁布《美国国家天基定位、导航与授时政策》，采用 PNT 概念取代 GPS，标志着卫星导航系统进入以 PNT 为基本要素的新时代。2010 年，美国新版《国家太空政策》指令指出，"维护和增强天基定位、导航和计时系统。美国必须在全球导航卫星系统（GNSS）的服务、提供和使用方面保持领先地位。"因此，美国军方和商业公司等正在努力开发验证 GPS 新技术和 PNT 新技术。在研的几个典型项目有：

（1）导航技术卫星 3（NTS-3）。

NTS-3 是美国空军研究实验室的一颗 PNT 试验卫星，其任务是验证如何使 GPS 星座为核心构建的军用 PNT 体系架构更具弹性，预计将在 2023 年发射到地球同步静止轨道（GEO）进行试验验证。NTS-3 旨在测试新的硬件，包括可在轨重新编程的数字信号发生器，其可使操

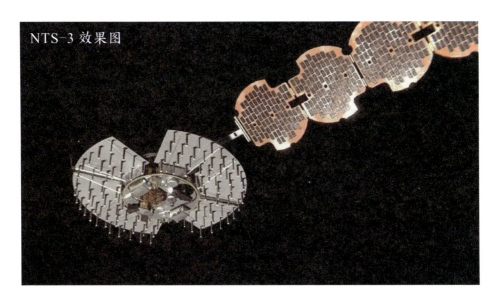

NTS-3 效果图

作员在遇到电子威胁时快速部署新信号。NTS-3 是美国军方自 NTS-2 后 40 年来首次开展的卫星导航技术任务,其工作重点是验证分散式、弹性 PNT 的能力。

NTS-3 重 1250 千克,有效载荷具有完全可在轨重新编程能力,采用 L 波段直接数字合成方法实现 100% 数字化。配备先进的固态放大器和电子控制的相控阵天线,可使运营商控制波束并向需要的地方集中。据预测,NTS-3 将影响未来 GPS-3 升级,或者可能会构成一个全新的星座框架。从 NTS-3 获得的技术验证将为未来几代 GPS 发展以及 GPS 星座增强的潜在方案提供技术支撑。

(2)适应性导航系统(ANS)。

为了解决在使用基于 GPS 的 PNT 服务时易受干扰和特殊环境无法访问的挑战,美国国防高级研究计划局提出了"适应性导航系统"(ANS)项目,旨在开发类似 U 盘可在多种平台上"即插即用"的 PNT 传感器结构与算法,从而降低开发成本,将下一代导航系统的部署周期从数月缩短到数天。项目还寻求利用非导航电磁信号(包括商用卫星、光波和电视信号甚至闪电)为 PNT 系统提供额外的参考信息。将不同的信号来源相结合,可以使这种 PNT 系统在 GPS 信号较弱甚至消失的情况下,提供比 GPS 系统更强更丰富的信息。

ANS 主要由冷原子干预与陀螺仪实现惯性测量,充分发挥量子属性高精度惯性测量,无需外面数据就能长时间确定时间和位置。

(3)对抗环境中的空间、时间和方向信息(STOIC)。

美国国防高级研究计划局的"对抗环境中的空间、时间和方向信息"(STOIC)项目旨在开发一种备用 PNT 系统,可无须依赖 GPS 即可获得比 GPS 更好的性能。STOIC 目标是实现:①甚低频定位系统:全方位、稳健的参考信号提供 GPS 级精度;②超稳定的光学时钟:坚固耐用的下一代高精度时钟为维持 GPS 定时,一年以上无须与外部源同步;③战术数据链路上的精确时间传输:使用现有通信链路进行 10

纳秒（基本要求）的时间传输以保持相对定时；可进行1皮秒（目标要求）的时间传输以实现相干效果。

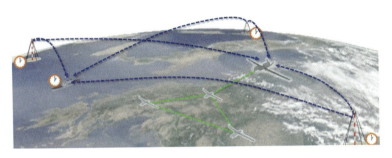

STOIC 项目系统示意图

（4）可靠 PNT。

在美国国防部指导下，美国陆军开展了"可靠 PNT"（A-PNT）研究，并于 2018 年 1 月批准了 A-PNT 的技术路线图，主要针对 PNT、战术空间和导航战等 3 个方面。目前已公开发布了 3 个项目——"可拆卸可靠定位、导航和授时"（Dismounted A-PNT）、"安装的可靠定位、导航和授时"（the mounted A-PNT）/"抗干扰天线系统"（Anti-Jam Antenna System，AJAS）和"伪卫星"（Pseudolites）。

"可拆卸可靠定位、导航和授时"将提供单一来源的 A-PNT，以支持通信、指控、后勤、瞄准等任务。

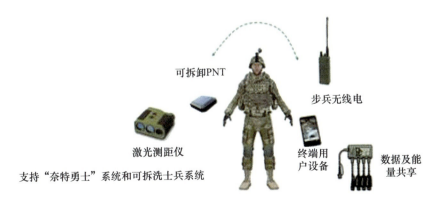

可拆卸 A-PNT 示意图

"安装的可靠定位、导航和授时"/"抗干扰天线系统"将全球定位系统（GPS）与备用导航和授时技术融合在一起，将 PNT 数据直接和通过网络分发到多个系统，而无须在单个平台上使用多个 GPS 设备，为客户平台和系统提供可信的 PNT。

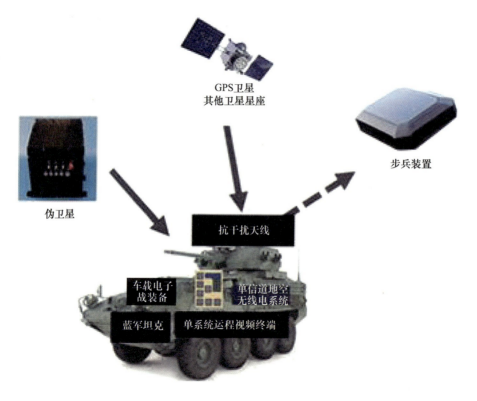

A-PNT 数据分发概念

"伪卫星"是类卫星发射器，用于提供可部署的机载配置，可在电子或物理挑战环境中使用大功率信号为地面和机载无线电导航提供类似于 GPS 的服务，从而允许 A-PNT 支持的系统继续运行。

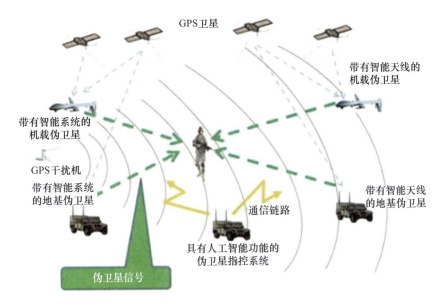

"伪卫星"概念图

（5）弹性PNT。

弹性PNT（RPNT）是PNT技术与非传统和新兴技术的融合，旨在改善空中、陆地和海上关键任务应用的可靠性和安全性。

弹性PNT

基于弹性PNT（RPNT）概念，美国Orolia公司为"下一代铱星"（the Iridium Next）卫星星座提供"替代导航"（AltNav）服务，该星座高达66颗的卫星分布在约800千米的低地球轨道。相比分布在约20000千米中地球轨道的GPS星座，AltNav产生的信号比GPS强

1000倍，具有能够"深入室内"的穿透能力，而且可高度抗干扰和欺骗，并能精确到30~50米。

（6）微PNT技术（Micro-PNT）。

Micro-PNT项目的目标是通过利用微机电系统（MEMS）技术开发独立的芯片级惯性导航和精确制导系统，尺寸比1美分的硬币还小。

发展态势

很多国家都已经意识到单纯依赖GPS等GNSS提供的天基PNT服务存在极大风险，并非常关注弹性、可靠、开放和模块化的PNT技术。这些PNT技术绝大多数不以GPS为核心，但并不完全独立，而是在GPS无法到达的地下、水下、室内等特殊环境或在军事对抗与电子干扰情况下成为备份PNT，弹性、可靠地向军事用户提供可信的PNT信息。

目前公开的PNT技术虽有强度高、覆盖广等优点，但尚有精度不高、使用不便等问题，且研发进展相对较慢，但随着高科技和信息技术的不断发展，PNT技术必将愈发完善，在军事和社会生活中起到越来越重的作用。

后 记

确切而言，目前太空战尚处雏形，真正意义上的太空战还未露出庐山真面目。但是，离我们也可谓亦远亦近，随着信息化战争形态的不断演进和人们对太空军事化应用认知的不断深入，这种雏形正在不断成熟，正加速成为新型领域作战的主角，最终将从作战理论层面走入作战实践。

战争规律证明，未来的作战需从现在着手，明天的战争要从今天准备。太空战关乎太空安全，太空安全又紧系国家安全。太空战并非仅仅是强者之间的"游戏"，不论大国小国，强者弱者，未来都将身在此"游戏"中。以何种姿态应对和迎接？能否以巧对强，非对称制胜？我们首先要了解太空战、涉及的相关技术和装备，认清其中的变数，做到心中有数。

从作战任务角度讲，太空战将从"信息支援型"向"制天作战型"发展，最终实现向地球表面投入战略性力量；从作战装备角度讲，从"种类单一"向"系统配套"方向发展；从作战样式角度讲，由"威慑为主"向"慑战并举"发展；从空间作战力量方面讲，从"简单结构"向"复杂结构"发展。这种趋势是正在进行时，也是未来进行时。

太空，神秘而又具威胁性。太空战，已箭在弦上。

参考文献

[1] 超级 Loveovergold. 看天线，识卫星——漫谈卫星天线、卫星与网络［EB/OL］.（2018-10-11）[2022-12-18].http：//www.360doc.com/content/18/1011/00/59571430_793705303.shtml.

[2] 迷雾探寻君. 俄测试反卫星导弹，加快中美俄太空军事化进程，太空战要来了［EB/OL］.（2021-11-19）[2022-12-18].https：//baijiahao.baidu.com/s?id=1716798977948715485&wfr=spider&for=pc.

[3] 蓝星杂谈. 太空战，不可避免的外太空军事化，催生人类争夺资源的大航海时代［EB/OL］.（2020-5-18）[2022-12-18].https：//baijiahao.baidu.com/s?id=1666953715250168135&wfr=spider&for=pc.

[4] 360百科. 粒子武器［EB/OL］.[2022-12-18].https：//upimg.baike.so.com/doc/546658-578681.html.

[5] 岳江锋. 杀敌于无形的波武器：高功率微波弹［EB/OL］.（2019-09-26）[2022-12-18].https：//junshi.gmw.cn/2019-09-26/content_33189977.htm.

[6] 环球网. 美神秘航天飞机 X-37B 返回地球：在轨停留 2 年多［EB/OL］.（2019-10-28）[2022-12-18].https：//mbd.baidu.com/newspage/data.

[7] 黄金一代. 2017年全球浮空器十大新闻盘点［EB/OL］.[2022-12-18].https：//zhuanlan.zhihu.com/p/32644130.

[8] 太空与网络. 美国地球同步轨道卫星机器人服务（RCGS）项目浅析［J/OL］.（2022-7-9）[2022-12-18].https：//www.shangyexinzhi.com/article/4997542.html.

[9] 电子防务研究. 太空制高点争夺激烈——外军电子侦察卫星解析［EB/OL］.（2019-1-30）[2022-12-18].http：//www.360doc.com/content/19/0130/

23/18268484_812257272.shtml.

[10] 郝雅楠. 美军地基空间态势感知系统的现状与趋势［J］. 国防科技工业，2019（3）.

[11] 扬明，等. 美国卫星系统防护技术研究［J］. 飞航导弹，2009（6）：31-35.

[12] 周宇富. 国外空间电子对抗技术发展［J］. 空间电子技术，2015（1）：11-16.

[12] 高扬骏，等. 卫星导航欺骗式干扰技术现状及展望［J］. 测验与空间地理信息，2019（10）.

[13] 满莉，等. 美军典型卫星通信干扰装备发展概况［J］. 国际太空 2020（6）：63-68.